豐田精實管理
現場執行筆記
問對問題，產出高效率

作者：江守智

精實管理圖表範本、現場操作手冊下載：

http://bit.ly/2021tpsbook

· 推薦對照書籍相應章節，於現場搭配使用。
· 建議用電腦開啟短網址，方便列印與下載檔案。

作者序

從企業問題出發，用現場改善驗證

江守智 本書作者，超過 150 家企業精實管理顧問

2019 年《豐田精實管理的翻轉獲利秘密》出版後，從河內到胡志明，基隆到高雄。從汽機車線束、飲料杯、不鏽鋼、伺服器到工具機，還切雞肉、收地瓜、蒸包子、吃乖乖。我跨足更多產業，跑過各大城市，甚至就在這個月都還有電子大廠來信說到：「我們總經理對書中的理念、想法感到認同肯定，希望想請江老師來我司輔導。」我真沒想過原來一本書能有這麼大的影響力。

那為什麼要寫第二本呢？因為這兩年時間裡，我聽到有太多來自於企業的真實聲音：

「江顧問，我們的工作常被老鳥綁架，怎麼辦？」
「老師，為什麼都還沒有改，底下就在問我有什麼好處？」
「到底新廠規劃要注意什麼呢？」

可能大家都看過精實管理、豐田相關的書，但是在「知道」跟「做到」之間還是有蠻大的落差。甚至公司看似改善方向正確，但可能連問題都無法精確描繪。因此過去這兩年的時間裡，我整理了來自企業端最真實的 16 大現場問題，包含高階領導、中階管理的各種情境。然後在執行端透過 8 種改善工具來調查分析具體原因，切入解決問題的方法。

這本《豐田精實現場執行筆記》的定位希望能夠延續實用、有趣的評價，讀起來可以讓每個人有身歷其境的臨場感，並且還能帶著它臨場應變、快速上手。衷心希望你會喜歡，更用得上它！

最後要好好感謝我的另一半千淇，還有兩個可愛的孩子 Lilian 與 Austin，是你們的體諒與陪伴才讓我能夠在工作、求學之餘，還能夠完成這本著作。還有司徒達賢老師、于卓民老師，以及眾多企業客戶夥伴們給我的肯定、信任。

我們一起加油！相信我們可以更好的。

推薦序

正規管理教育未重視的「因素」

司徒達賢 政治大學名譽講座教授（策略大師，個案教學先驅）

在企業管理各領域中，分別有許多重要的決策「因素」，都是決策時思考的角度，也是行動上可以著力的方向，而且也直接或間接的影響了經營績效。

例如在策略管理方面，這些因素包括了產業的消長趨勢、供應鏈中的供需與談判力的關係，垂直整合程度之取決、目標市場的區隔方式等。各類因素常被提到的可能在千項以上。了解了這些「因素」的前因後果，我們就可以比較容易針對實際情況，找出問題的可能原因以及改進辦法。

過去數十年來，我們以及西方的管理教育比較側重高階管理更關心的「因素」，例如策略或行銷，而對最基本的生產與製造，則很少提供學習的機會與課程。然而這些方面的觀念、做法或相關「因素」，對大部分製造業與服務業而言，卻是提升效率不可忽視的途徑。效率上點點滴滴的提升改進，其實也關係著企業的競爭優勢與存活機會，而正規管理教育中卻似乎未予以合理的重視。

江守智先生在兩年前所寫的「豐田精實管理的翻轉獲利秘密」在企業界廣泛獲得好評，現在又依據他在顧問工作上的經驗，並針對業界經常出現的問題，做出進一步的解析。在這本書裡，他所提到的「因素」很多，包括了工廠的產能規劃、空間配置、動線設計、流程、存貨、倉儲、稼動率、換模頻率、設備調整、工具設計與使用方法、作業員的動作分析與改善等，以及它們在實際現場上的實例及可能行動方向。

我自己學習與教學重心都在「策略」與「組織」，因此在生產製造方面少有接觸與成長。在拜讀江先生這本大作後，感到受益良多。而他從實際問題出發，並結合前人經驗，提供具體解決辦法，也是值得我們學習的。

推薦序

解決現場問題提升生產力

于卓民 國立政治大學企業管理學系特聘教授（國際企管大師）

回應讀者對解決現場問題訣竅的期盼，繼 2019 年五月出版廣受好評的《豐田精實管理的翻轉獲利秘密》一書後，守智的新書《豐田精實管理現場執行筆記》即將出版！

認識守智的人都知道，他是位能細心傾聽、快速提出解決方案及樂意分享的人。在政治大學和他一起修課的 EMBA 同學都有這樣的經驗，在上課時老師提及一個管理概念或一個企業的案例，下課後不久就會收到如此的訊息：「各位學長姐，上課的筆記我整理完了，和大家分享，請多指教」。身為豐田精實管理的專家，他時時刻刻都是位實踐者！

本書的論點是「問對問題才能產出高效率」，例如書中有節提及：當主管對部屬犯錯時的評論是：「說也說了，罵也罵了，為什麼就是不改？」，或許主管該先問自己：「是否在事情交代過程中出了錯？是否標準作業的內容容易誤解？是否環境、工具上出現變異？」透過不同的案例，守智從問題導向（計有 16 大現場問題）和本土案例（包含跨產業的應用）貫穿全書，此種具實際應用價值的特色，再加上對 8 大精實管理改善工具的介紹，本書一定會受到讀者的肯定。

守智與本人分享推動精實管理專案的經驗時，曾多次提及主管的重要性：沒有高階主管的支持，專案可能虎頭蛇尾，草草結束；沒有中、低階主管的支持，專案的成效就不佳。本書以「領導人如何打造精實管理團隊」和「管理層如何實戰現場問題改善」為兩大議題，就是要幫助主管如何採取行動參與精實管理專案。

本書分享守智多年實務累積的經驗，絕對是對有志於提升工作現場生產力的管理人員和執行人員一讀的好書，期待本書的大賣！

推薦序

創造明日的機會：一個值得全心追求的目標

李開源 董事長 聯華食品

（台灣食品大廠，可樂果、萬歲牌、元本山等產品）

　　草創於 1951 年的聯華食品至今恰好經歷了 70 個年頭，我們自創台灣本土零食品牌可樂果今年剛好 50 週年、海苔第一品牌元本山也滿 40 年了，還有萬歲牌堅果、卡迪那薯條等國人耳熟能詳產品。自 2001 年進入超商鮮食領域後，近來年也逐漸拓展成為國內最大的超商鮮食代工廠，生產飯糰、三明治、熟食麵飯、御弁當等即食產品。

　　自從 2013 年正式開始導入豐田精實管理起，令我欣慰的不但是在休閒事業部林口廠、嘉義廠有著不錯的改善成績，後來也擴展至鮮食事業部三個廠都有著亮眼的表現，甚至影響食品同業中颳起一陣跨業學習改善風氣，慶幸的是我們當初有著那一個勇於改變現狀的決擇。

　　由於食品業中所共同面臨的天敵就是商品的「保存期限」，過往我們需要大量的庫存作為生產的緩衝，然而在「少量多樣」的外部環境競爭態勢下，過多的庫存不再是優勢，取而代之的是如何快速換線生產小批量品類的產品，讓消費者能夠在市場上買到更新鮮、更多種類的產品，而且在必要的時間內只生產必要的產品，可以說是魚與熊掌兩者都想兼得，而現在聯華食品的完成品庫存已經從平均 45 天降到 14 天以下的水準，且持續不斷追求進步改善中。

　　2019 年時本書的作者江守智先生推出了《豐田精實管理的翻轉獲利秘密》，其中不僅融合各產業的管理精華，平易近人又輕鬆詼諧的筆觸，馬上成為公司內許多同仁好用的精實管理入門書。而今年又再一次集結了進階的實務精華與幽默輕鬆的案例整理成為《豐田精實管理現場執行筆記》，我誠摯推薦本書給各位，也期待這股改善的正能量能夠繼續持續下去不斷累積，永遠也不要停止前進的腳步。

推薦序

面對過去的不夠完善，踏出改變的第一步

余維斌 董事長 宜特科技（電子產品驗證服務龍頭）

身為一家公司的領航員，我開始思考著企業的未來，在邁開腳步繼續往前走的同時，我該如何掃除障礙讓陪我衝刺的員工一路暢行呢？於是在 2019 年我邀請江守智顧問踏入宜特新廠大門，協助同仁剷平障礙。

「那些改善手法都嘛是製造業在用的，我們是實驗室耶，不合用啦！」、「人家豐田是做汽車的，我們是半導體產品驗證，那些改善方案根本就對不上啊！」守智顧問在踏入宜特後，內部管理者的質疑不斷襲來。我們願意改善，但產業的特殊性限制了我們的取經之路。「它山之石可以攻錯」，但在寡佔市場裡，它山還真不好找。正當大家苦無良方時，守智顧問帶著微笑緩緩開口：「豐田的經驗方法，不需要拿來照抄，我們可以思考它當初遇到了什麼困難、為什麼要這樣做、還有沒有殘留下什麼未解問題，這些『為什麼』才是我們要引用的。」

如醍醐灌頂般的金玉良言點醒了當局者，於是價值溪流圖、七大浪費、平衡分工提升人均戰力、快速資訊流輔助、多能工在「大部屋」機制裡的活用…等觀念手法的活用。在結案報告時實驗室同仁的成就感也在結論中散揚出來。看著這一切美好的發生，我深深的被感動，感謝守智顧問鼓舞我們勇於接受挑戰、面對過去的不夠完善，踏出改變的第一步。

隨著第一本書熱賣，守智顧問仍持續挑戰自我，透過輕鬆的筆觸措辭，把過去幾年的輔導精華再一次不藏私揭露，Top-down 的逐層解析，從領導 該如何打造精實管理團隊，到管理層如何從改善效益四大構面發現問題，再到執行者如何善用工具手法進行現場調查分析，讓讀者知道「豐田精實管理」不再是口號，「現場執行筆記」是帶領我們走進現場的好書。真心向您推薦。

推薦序

消滅浪費讓價值被看見

陳伯佳 總經理 永進機械（台灣工具機龍頭大廠）

從接單到出貨，所面對的不僅僅是最終的客戶，每個下工程都是上工程的客戶。如何滿足客戶需求，永進機械以「流程」串起整體的營運與生產。透過打破部門間的藩籬，消滅部門間溝通的浪費，另外就是「同理心」與「聆聽」文化的建立，讓全體同仁相互理解與包容，以團隊的力量滿足客戶的需求與期望。

消除浪費是執行精實管理中重要的一環，從守智第一版《豐田精實管理的翻轉獲利秘密》書中，運用獨特的觀察手法去觸及到現場的痛點，將第一線人員的聲音轉換成改善關鍵因子與團隊間的動力。用簡單的論述傳達每個案例如何翻轉，並結合時事來拉近讀者間的距離，創造出輔導加乘的效果。

《豐田精實管理現場執行筆記》更是聚焦現場與貼近實務。手把手帶領的輔導過程，化成條列式的說明，精闢給出最好的建議方向。讓改善團隊跳脫出原本傳統的思考框架，提供好的改善工具讓員工發想，遠比直接給答案還要來的實際，做到培養人才並「塑造人財」。佩服守智能保有豐田集團精實管理的精神，並富有個人的輔導魅力，將個人學經歷運用自如，豐富的授課經驗與多元的輔導案例，穿梭在不同的產業，不僅是替企業提升競爭力，更替企業創造內部顧問。

守智互動式的輔導作法，打破了舊有規則，從書中可以感受到他在輔導時的用心與努力，刻畫入微的態度讓我相當認同，並為未來數位轉型奠定穩健基礎。永進機械也將會以此為基礎，從供應鏈作起，推動產業「精實生產」，以提升產業整體競爭力。

「心」變則「態度」變，「態度」變則「行為」變，「行為」變則「習慣」變。這是一本可以從「心」開始改變的好書，推薦給大家！

各種產業都需要學習精實管理

卓靖倫 執行長 超秦集團揚秦國際企業（麥味登 Cafe&Brunch）

　　超秦集團旗下的兩家企業主要品牌群，分別是以國產生鮮雞肉馳名的「綠野農莊」，以及全台第一家以連鎖加盟體系成功上櫃的早午餐品牌「麥味登」。兩家企業各自在台灣禽肉生產以及連鎖餐飲占有一席之地。第一次與江顧問合作，就是為了推動集團內「精耕專業」的策略目標，藉由江顧問在精實管理的專業知識，開啟生產團隊突破躍進的大門。透過工作現場的觀察與討論，一步步發現問題、拆解問題，提出最適合的解方。

　　過去曾拜讀江顧問的暢銷書《豐田精實管理的翻轉獲利秘密》，並指定為公司內部必讀書籍，江顧問兩年間的每月輔導，陪同團隊在現場實戰並進行流程改造，讓團隊獲得豐碩的成果及成就感。一次性的成功並不難，管理思維的成長與轉變，才是企業人才培育最重要的收穫，足以造就持續改善的精實管理團隊。很高興江顧問的新書《豐田精實管理現場執行筆記》把實際應用層面，用淺顯易懂的方式與讀者分享，理論方法易懂，現場實戰卻更能以全觀的角度去俯瞰問題癥結。

　　過去談到「豐田式生產管理」想到的往往都是生產製造業，但是近年「精實管理」的精髓也逐漸代入餐飲服務業的管理思維中。以麥味登為例，對於強調標準化與作業流程的連鎖餐飲而言，如何快速出餐，減少消費者等待的時間，加強顧客的滿意度，同樣也是精實管理的課題。

　　江顧問的新書《豐田精實管理現場執行筆記》，以自身在跨產業輔導的經驗，不藏私的與讀者分享。閱讀過程中，可以藉由他人的難題，推敲自己的解方，打破思考的固著性，尋找新的可能。不論是企業領導人、改造流程的管理團隊或是在現場實作的執行者，都是進階現場實戰前的模擬教本。

跨產業經營者好評推薦

（依照姓氏筆劃順序排列）

「作者以現地、現物、現實三現著眼，闡述分析現場損失改善，深入淺出描繪如何構建精實管理團隊，提供讀者臨場實戰技能。實屬值得分享的好書！」

　　　　　　方瑜榮 資深副總經理 士林電機（台灣電機產品大廠）

「不要看他說了什麼，而要看他做了什麼？」這是我經常給朋友們選書的建議。守智老師在這幾年成功的輔導了許多知名廠商進階轉型，自己更是榮獲經理人雜誌百大 MVP。如今又一本好書問市，我誠心推薦！

　　　　　　王永福 頂尖教學與簡報教練

「我認識的守智是個充滿活力、幹勁十足，堪稱新世代「跨界精實顧問」第一把交椅，有著豐田精實改善魂的執著，還帶著好奇的熱情與發想，持續在不同產業裏深耕，這本好書《豐田精實管理的現場管理筆記》紀錄著融會貫通各產業精實改善的各項疑難雜症，說明著如何簡單實踐豐田精實的好主意！『秒懂』、『共感』、『好實踐』值得與您分享。」

　　　　　　江志強 副總經理 聯華食品（可樂果、萬歲牌、元本山）

「2019 年起，奇美食品從傳產邁向高科技化的關鍵時刻，有江老師的協助，讓我們沒有忽略流程改善、效率提升的細節。」

　　　　　　宋光夫 董事長 奇美食品（台灣冷凍包子、水餃大廠）

「曾經，我也不知 TPS 真能在農業跟食品業著陸？直到親眼所見，成功且大方開放的聯華食品，真的做到標竿的精實管理。我們下定了決心，親身體驗。資深幹部們化開了土法煉鋼的謎，年輕幹部找到循序漸進的路徑。守智顧問十幾年的企業輔導經驗，精萃成一則則生動精彩歸結的案例。從親眼所見到親身體驗，瓜瓜園也從土法煉鋼邁向循序漸進。」

邱裕翔 總經理 瓜瓜園（台灣最大地瓜種植加工廠）

「第一次遇到江顧問是好朋友推薦的一堂課程，上了一天的入門精實管理才知道原來看似平凡到不行的製程動作，有這麼多細節上的差異。接下來透過江顧問的輔導，帶著我們思考改善建議，就像教練一樣，我們能感受到顧問是真心希望我們變好，成長的過程中總是精實且挑戰的，你說對嗎？」

林佑嘉 總經理 正言不銹鋼（不銹鋼產品製造廠）

「你能想到鱷魚跟換模具的共同點嗎？ 你又知道烤鴨跟污水處理的關聯嗎？守智以大家都懂的語言，寫下自己在各個產業所解決的問題，作者又把這些實務經驗轉化為所有管理者都想要的執行準則。要協助讀者了解管理的盲點不易，要讓讀者產生共鳴更是困難，但《豐田精實管理現場執行筆記》都做到了。」

林子軒 副總經理 台灣福興（全球知名門控裝置製造廠）

「江顧問透過自身輔導經驗，將精實生產理論結合生活經驗舉例，讓人可以輕易聯想來理解，讓讀者對精實生產又有更進一步的認識。」

侯劭諺 總經理 喜特麗（台灣前三大廚房設備品牌）

「江顧問以生動易懂的方式，將精實管理的觀念及配套的管理議題放入案例之中，讀起來非常有臨場感，是實用又有趣的工具書。」

張云綺 董事長 宏亞食品（77乳加、新貴派、禮坊）

「江守智老師曾為秀傳醫院的科經理傳授精實管理技能，其中有關理、平、流的持續改善三利器，更讓學員獲益匪淺。新書中許多的理論與案例，都適用於醫院管理，如將FAB模式架構化，用不同的順序組合，來說服上司、同事或下屬，具有強大的推力功能。」

陳進堂 副營運長 秀傳醫療體系（台灣大型醫療體系）

「我是一名急診醫師，對急診來說速度很重要，精確更重要。在疫情期間，每天有大量病患前來採檢。問診、開單、照X光、穿脫防護衣、採檢、清潔消毒，每個步驟只要節省一分鐘，每個病人就可以節省5分鐘，30個病人就能省下兩個半小時。精實管理的觀念讓我們可以更有效率地進行治療。我真心推薦守智這本書，急診醫師應該學精實管理，內科、外科以及醫院的管理階層更需要學精實管理！」

楊坤仁 主治醫師 高雄榮總急診科（兼具醫學、法律專長的醫師作家）

「江顧問透過理論、案例分享和模擬，協助管理團隊和第一線主管跳脫固有思維，雖無投入新產線設備，透過精實管理也成功大幅度提升效益。」

廖宇綺 總經理 乖乖股份有限公司（休閒食品製造業）

「守智顧問擁有紮實輔導經驗與流暢文筆，將豐田精實管理確實轉換可操作複製的精華書籍，請勿錯過，誠摯推薦！」

趙胤丞 知名企管講師、《拆解心智圖的技術》作者

「不要自視叱吒江湖、經驗獨到，你所有眼光的死角都會在守智的談笑風生間顯現，然後得到救贖，這是我的親身經驗。」

鄧學凱 總經理 凱馨實業（台灣有色雞最大供應商）

「說不定別人遇到的問題也跟你一樣，這本書列舉很多執行個案，，換個角度看現場，或許你的問題就迎刃而解了！」

潘威志 副總經理 瑞興工業（亞洲食品容器生產大廠）

「豐田精實管理，應用在職棒球團現場，也可以分成三個層面：1.領隊與總教練負責打造精實團隊。2.教練團依各功能別的實戰困難做問題改善。3.球員則利用數據與工具，進行投打與守備分析，以爭取佳績。」

謝文憲 知名企業講師、作家、主持人

「『沒想到我現場做這麼久還能學到東西！』生產線資深人員秀珠孃在上完 TPS 的課後興奮地告訴我，我說：『TPS 課我聽過很多，江老師是唯一講得這麼明白的！』這本新書也是，老師把領導者在打造精實團隊時該有的觀念講了個透徹，值得放在身邊隨時提醒自己。」

簡志翰 總經理 中國端子電業 （車用配線大廠）

目錄

第一部　領導者如何打造**精實管理團隊**

第二部　管理者如何實戰**現場問題改善**

第三部　執行者如何利用工具**調查分析現場**

領導者如何打造
精實管理團隊

1-1

「當主管很容易打高空講廢話？」
管理者在現場推動改善一定要做的三件事

「顧問，我自己私底下想請教你一件事，可以嗎？」在台南某汽車零件大廠輔導結束後，正準備收拾離開趕搭高鐵回家時，一位三十歲上下的課長叫住了我。「好啊，沒有問題。」我向身旁的人資經理示意個眼神，然後就跟課長聊了起來。

他叫 Jason，因為在組裝單位表現優異，最近剛被拔擢為新事業單位的課長職。不過 Jason 一臉愁容地說：「我到這個新單位，因為還不是太熟悉，所以都不知道要怎麼管人？老師，像你這樣一天到晚都要接觸新的公司，到底你是怎麼快速熟悉，甚至可以對問題給予回饋建議？」我能夠感受到他的誠懇以及對於新職位能否勝任的不安。因此即便我已經歷超過七小時的輔導，仍舊願意坐下來好好跟他談談。

我們換個切入點，如果作為部屬的角色，應該也很害怕遇到像這樣的場景吧！

主管：「你們各位啊！要好好改善，不然最近現場問題很多」
部屬：「可是我就是不知道要改哪邊啊？」
主管：「你就是要動起來，不然要怎麼解決問題？」

部屬：「可是我就說了我不知道要改什麼，你說我就改啊？」

主管：「改就對了！年輕人不要這麼多抱怨。」

有時候做改善，根本不需要區分你是華山、武當、少林還是峨眉，**這麼多理論方法最終都還是要從現場第一線開始觀察起**。做為公司領導人或管理層，與其害怕下屬質疑的眼光，這邊有三件事是我多年下來覺得要做好的重點，提供給在公司內推動精實管理的你做參考。

🔓 先溝通最終目的與價值

改善過程中常會遇到有一些熱血腦衝的主管，憑藉著突如其來的想法迅速擬出對策，然而因為缺乏對最終目的與價值的瞭解，很容易為做而做，不只讓下屬朝令夕改、叫苦連天，上司也覺得你莽撞草率，結果就是下面不服你、上面不滿意你，真的得不償失。

就舉我曾經在不同產業遇到的兩個案例說明：

case1

「老師，我們打算把原本的料槽做成傾斜面，然後透過輸送帶自動秤重再進行裝袋、束口。這樣可以嗎？」

case2

「我們預計透過專門供料人員的設置，降低 4.5 小時的搬運時間，藉此有效提高各工站的作業效率。這是我們本回的改善。」

先說結論，這些都是好的方向，但無從驗證是否是好的方法。怎麼說呢？

上述兩個案例都是直接跳到改善對策，但如果沒有瞭解企業的需求（目的）與目標（量化經營績效），就難以判斷優劣或可行性。例如最近有台灣機械業廠商跟我開會時提出要降低材料投入到成品產出時間（Lead Time）10%，當下我也好奇為什麼？又或者需求在哪？經過更加深入的討論與聚焦後才瞭解原來總經理要的是希望讓公司產品在國際市場上的性價比能夠更具備競爭力。

降低投入產出時間（Lead Time）當然是好事，可是眼下對公司來說我們在意的是成本的低減，那麼包含原材料、零組件成本的降低，又或者勞務成本的優化，還是物流費用、研發支出等都會是可能的方向。

- 企業是遇到「情境」而產生「需求」
- 為了想滿足需求而設定「目標」
- 有目標與現況的差距就有「問題」
- 透過問題提出「改善對策」並執行
- 執行效益好壞看「目標」達成情況

先畫靶，再射箭

我很清楚知道我的目標在哪
所以我才打算這麼做！！

先射箭，再畫靶

我這次行動很努力、很用心
來看看有達成什麼成效吧！！

你是先畫靶，再射箭？還是先射箭，才畫靶？

對於公司領導者來說，下達明確指令（策略）
固然可以讓行動變得更有效率。
但是若思考過程中缺少需求目的與目標的
對應關係，也許會讓資源錯誤配置
而導致意料外的結果。

19

舉個生活實例應該能夠更輕易瞭解，就好比你直接問朋友說：「欸～老吳，這一坪 40 萬值得買嗎？」肯定會被白眼，因為一來不知道你的預算、需求坪數，二來也沒提供家庭狀況如是否有學區考量、就醫方便等。

　　所以，無論你是主管要構思改善策略，還是要往上、往下徵詢決策建議時，記得先把前提條件說明清楚，同時也讓自己在腦海中驗證邏輯性吧！

🔓 細分問題視角，拆解可能解決方案

　　這幾年我在中部機械大廠擔任顧問，連續六年上了超過五十梯次的「QC 七大手法」課程，超過兩千人次的主管晉升訓，我嘗試著以有別於一般品質管理教科書的授課方式，其中我強調不管是柏拉圖、直方圖、管理圖等工具都只是數據收集、分析的結果，**如何找到問題的視角、切入點才是解決問題的重點所在**。所以我都會在課程中用蠻大的篇幅談「層別法」這個工具。

　　那麼究竟什麼是層別法呢？在日文裡「層別」就是分類的意思，也就是說當我們面對一堆資訊、現象、數據時，如何透過不同的分類方式，讓特性相同的成為一群，而群裡的差異小，群外的差異大。

　　就拿人來說好了，你能夠依照傳統生理性別區分成男性、女性；或是在《哈利波特》小說裡霍格華滋學院的學生一樣，被區分在葛萊芬多、史萊哲林、雷文克勞以及 ⋯⋯ 好，我知道赫夫帕夫就是邊緣。

那為什麼要用層別法來看問題呢？因為人類大腦其實是很偷懶的，我們常常會用一些認知偏誤、刻板印象來簡化現象或對象。例如：

說到食物很甜，你會想到台 __ 人。

談到很能吃辣，你會想到四 __ 人。

談到生性浪漫，你會想到 __ 國人。

但並不是在台南拿出竹籤在空氣中揮舞就會變成棉花糖，也不是每個四川人都能吃辣，法國人也不見得符合你心中的浪漫。所以我們需要透過層別法進行更詳細的分類，才能夠比較差異、探索細節。

呼應 2017 年由前微軟全球副總裁、前 Google 大中華區總裁的李開復先生所撰寫的一本書《創業就是要細分壟斷》，那麼我想稍微改寫成「改善更是要細分・慎斷」。**追根究底我發現有許多主管在有意無意間總喜歡用概述來談問題，往好的一面想也許是因為這樣歸因單純，又或者這樣是為了掩飾方便。**

但我總喜歡用拆解、細分來看待事情，因為透過拆解與分類的過程能夠有效地找出差異並對症下藥。用不同角度來解構相同問題，往往能夠擺脫經驗、習慣的窠臼。

問題沒拆解，就像是驗屍卻不解剖一樣，無法找出真正病灶或死因。

> 作為領導者或公司主管，可以藉由回頭
> 分析問題視角、細分可能解決方案的方法，
> 檢視改善的執行團隊對於現場的觀察
> 了解程度有多少，並進行有效的溝通引導。

例如改善題目的選擇，以我站在外部顧問的角度，只要從問題的拆解，就能快速引導對方判斷自己的計劃是否正確：

- **我會想要先知道你是依照產線稼動率在挑選題目？或是依照產線加班時數在挑選？**
- **藉由題目選擇的拆解，再往上瞭解上一層中我們提到的改善最終目的與價值，你的題目選擇與最終目的是否相符？**

即使只是這樣簡單的檢驗步驟，我過去也曾遇過有公司改善題目的挑選是從低稼動率的產線挑起，但是最終呈現出來的改善成果卻是人員加班時間的低減，這種自相矛盾的情況。（低稼動率的產線就表示開線時間少，那麼人員怎麼還會有加班情況呢？）

怎麼從不同角度來拆解問題，老實說並無標準答案。只要你願意嘗試各種不同可能，就有機會。

曾經有彰化某企業在改善塗裝工程的品質不良，過去廠內作法

是由製造主管搜集每週不良品數據，並提供給品保單位。對此他們歸納出品質不良佔最大宗的乃是粒點問題（可能由作業環境中懸浮粒子、漆料雜質等因素造成），面對客戶端連續數個月評價不合格的壓力，公司的做法是要打造無塵室等級的作業環境來克服這個問題。在顧問進行了解並檢視生產環境後，我們建議公司不良品的數據收集依照每日來劃分：

- **半個月過後，他們發現每週一的不良品最多。**
- **再以時段別來分，又發現上午八點到九點的時段不良品最多。**
- **最終印證了顧問的假設，那就是輸送帶設備在開機時會抖落灰塵，造成塗裝掛架、未塗裝工件污染的可能。**

> *於是，一個問題切入角度的不同，*
> *從數百萬的無塵室設備投資減少成*
> *每日請一位同仁提早半小時到廠，*
> *將輸送帶設備空運轉抖落灰塵*
> *並灑水在地面即可。*

減少數百萬的支出，還讓原本的不良率降低 40%，也難怪結案報告時總經理會特別嘉獎這個改善案了！

透過「層別法」，幫助我們細分問題的各種可能視角，
也就能更有效找出更好的解決方案。

項目類別	層別種類
時間別	上午/下午、白天/晚上、作業剛開始時間/作業終了時間、月、年、季節別等
操作人員別	個人、年齡、性別、年資、本勞外勞
機械、設備別	機型、機種、性能、新舊
作業方法、條件別	速度、作業方法、作業場所、方式別等
原料別	製造商、供應商、原產地、廠牌、採購時間、接收批號、製造批號、儲存時間、儲存場所別等
量測別	量測儀器、量測者、量測方法別等
檢查別	檢查員、檢查場所、檢查方法別等
環境、氣候別	氣溫、溫度、晴、雲、與、風雨季、乾、濕季別等

🔓 勤跑現場，現場改善

跟 Jason 課長的對話將近一小時，聽完「先溝通最終目的與價值」及「細分問題視角，拆解可能解決方案」的兩個重點後，Jason 課長臉上有種如釋重負的感覺，他說他原本以為可能至少要花三個月到半年的時間去熟悉新事業單位的技術、工法、設備、人員、材料等面向，才有底氣去指導下屬做事。奈何公司上層對他寄望頗深，本來覺得壓力山大！現在從與我的對談中獲得更多的信心。

本來預訂的高鐵班次肯定是搭不上了，不過在我最後離開前仍不忘提醒 Jason 這兩件事固然重要，但還有一個關鍵在於：

> **「跑現場的頻率」，有時候下屬之所以對於**
> **主管的想法嗤之以鼻或敬而遠之，**
> **不一定是不可行，而是主管如果不常跑現場，**
> **你看不到現場的細節，更不懂現場的溫度。**

或許「見面三分情」這句話對於推動改善活動的主管來說，同樣是需要謹記在心，並作為組織氛圍催化的重要方式去面對。

今天，你去現場了嗎？

1-2

「汙水處理難題要怎麼改善？」
有細節才有彈性，從第一性原則下手

　　「由於明年度公司營運目標較今年度成長 28%，為此汙水量會提升 13%，因此本組改善題目將針對汙水處理進行，還請老師能夠多多指教。」陳經理在輔導會議上宣示新的題目，希望利用三個月的時間進行改善。對於這家成長力道穩定，且擁有品牌知名度的畜產公司來說，汙水處理的確是件刻不容緩的問題。

　　因為一座汙水處理池的設置，包含排放管線、過濾污泥機、沉澱槽等設備，加上政府單位的檢測、發照等，讓汙水處理池每日的容納量是個固定值，很難在短期內進行擴充。於是對於製造業來說，業績成長是件開心的美事，但如何進行汙水處理往往是件既頭痛又不得不面對的難題。

　　然而對於我來說，汙水處理乃至於環安衛議題並不是我的專業領域，我能夠提供什麼樣的價值呢？

　　這其實可以類比到許多精實管理改善時會面對的難題：「一個全新的問題要如何改善？」我們來看看如何透過幾個步驟，管理者就能具體分析出一個新難題的改善做法：

- 從現象數據梳理分類
- 然後從細節進行管理深化
- 最後回歸本質思考原點

先講結論，公司營運目標達標的同時，我們不僅沒有如預期增加 13% 的汙水量，相反地還逆勢減少 3% 的汙水排放，這樣一來一往足足有 16% 的改善效益產生。讓汙水處理不會在公司業績躍升之際，變成阻礙成長的枷鎖。究竟我們怎麼做到的，以下就提供給大家參考：

現象數據梳理分類

在最開始時，公司改善團隊由於已經接受過幾年我的指導，因此立即先針對該題目的現象數據提出他們的搜集與觀測，例如我們知道生產量的多寡會直接影響汙水產生量。接下來隨著流量計的裝設，我們也開始知道不同作業區域間每日汙水排放量的差異，從五大廠區展開至十五個工站。

> *這其實是很重要的一步，*
> *作為公司中高階主管不可不掌握的關鍵能力：*
> *「用數據來解釋現象、說明原因」。*

各區域用水量分析

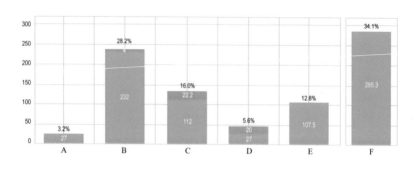

藍綠色代表作業用水，灰色代表清洗用水

　　除了不同廠區、工站的差異，讓我們可以找出工作經驗判斷上的異常值（例如水量異常激增，可能是管線漏水所造成等），或像是檢討用水量大的區域，實際上是設備耗水或是人員作業用？除了探究水本身的使用情況，對於使用目的之外，還有沒有什麼其他可能呢？「水」這項原料在使用後，除了直接匯流進汙水池，應該也有被回收再利用的可能性吧！

　　在輔導會議中我向團隊提出另一個觀點，既然我們擔心汙水的「量」會變多，那如果所謂的「汙水」能夠被二次甚至是三次回收使用呢？拿日常生活案例來說，就像日本綜藝節目常出現的省錢大作戰中，泡澡後的水能夠保留下來沖馬桶或是澆灌庭院盆栽一樣。當我們把水給分級，是否就創造更多的利用價值？

🔒 細節進行管理深化

公司團隊很開心的回去研究，下個月他們就提出了新的提案，把幾個工站使用後還算潔淨的水回收並提供給其他工站使用。陳經理報告後看著我苦惱地說：「老師，回收的概念很好是沒錯，但是看起來杯水車薪，連塞牙縫的空間也不夠。」我想了想，突然想到前幾天吃的烤鴨宴。看似八竿子打不著的場景，但是背後的原理原則似乎能夠通用。

大家想看看，師傅秀出一隻用麥芽糖水烤得晶瑩剔透的櫻桃鴨，展現專業刀工將鴨皮片下，讓大家用餅皮包裹著酥脆油亮的鴨皮與適量甜麵醬、大蔥一起享用。倘若這時候師傅就拎著片完皮後仍然滿是鴨肉的鴨子說：「剩下的我們就拿去熬鴨粥囉！」是不是覺得太可惜太浪費了呢？或許我們應該跟老闆說：「修但幾勒，鴨肉可不可以也片給我們吃？要不也先來個醬炒鴨肉加九層塔，最後剩下的架子跟骨邊肉再拿去熬鴨粥是不是比較合理呢？」老闆肯定會豎起大拇指說你懂吃。但你可能黑人問號想說這跟汙水處理有什麼關係？我想說的是：所謂潔淨水只能被使用一次嗎？如果我們把用水的條件給定義清楚，是否就能夠一水兩用、甚至三用呢？

於是改善團隊非常迅速地完成，依照大腸桿菌的數值，將使用水劃分成 S 級、A 級、B 級、C 級、D 級共五種等級。接下來會同生產製造、品保、業務單位確認十五個工站「需使用什麼等級的水？」以及「使用後會變成什麼等級的水？」

簡單來說，如果你需要 A 級水，用完後是 B 級水，那麼我們就還能看看其他工站會不會需要 B 級水？不然需要 C 級水的工站也

可以拿去用。如果你用完產生的 B 級水直接拿去需要 D 級水的工站使用，這過程中其實就產生了等同於「大材小用」般的浪費，也就是前面烤鴨例子裡把片完皮的鴨子就直接跳過醬炒鴨肉，拿去熬鴨粥一樣可惜。

區域	用途	S+	S	A	B	C
A	毛雞車清洗					V
A	雞籠清洗					V
A	拉雞平台清洗					V
A	地面清洗					V
B	清潔用水	V				
C	燙毛桶用水			V		
C	直立式脫毛雞用水			V		
C	脫毛桶用水	V		V		
C	清潔用水					
D	冷卻槽用水	V				
D	解凍槽用水	V				
D	清潔用水	V				
E	雞腸脫水機					V
E	固液分離機					V
E	汙泥機			V		

區域	用途	S+	S	A	B	C
F	開缸雞用水（機器）	V				
F	開腹用水（機器）	V				
F	內取機用水（機器）	V				
F	內取機（雞隻）	V				
F	出肚用水					V
F	心輸送用水（大雞線）	V				
F	素嚷機用水	V				
F	吸肺機用水	V				
F	內外清洗機	V				
F	凹腳的爬升輸送帶用水	V				
F	清潔用水	V				

　　不過由於廠區幅員遼闊，跨工站距離長，因此在思考一水兩用或三用之際，也不要忘記衡量可回收水量、距離遠近、連接方式等面向才對。

管理項目	汙水廠案例	細節問題
使用目的	· 將汙水總量依照使用區域分類 · 將各區汙水每日排放量以週間別分類 · 將各區汙水瞬時排放量以時段分類	· 依照區域分類，是否看得出顯著差異？ · 依週間別分類，是否有淡旺差異？ · 依照時段分類，是否有淡旺差異？ **重點：目的階段，有多少分類的可能性？**
使用方式	· 區分是設備所需用水還是人員作業使用 · 人員作業使用方式？是噴灑、浸泡還是移動 · 使用後需直接報廢或是能再回收使用	· 設備使用水是否有固定成本及變動成本？使用時至少要儲滿多少水？會否隨著作業過程逐步增加？ · 人員作業手法是否有所差異？ · 人員使用工具是否有所不同？ · 回收用水的連接方式、傳送距離？ **重點：作法階段，5W1H是否思考周全？**

🔓 回歸本質思考原點

　　除了從用水「量」的角度,以回收的方式設法減少汙水直接排入處理池的浪費,創造一水兩用或三用的可能性外。我們也同時從用水的「質」,思考有沒有更有效率的可能。我很推薦特斯拉的創辦人伊隆‧馬斯克(Elon Musk)所提倡的「第一性原理」(First Principle):

> **從物理學看待世界的方式層層剝開事物表象,直擊核心本質,再從本質重新出發思考作法。**

　　例如以用水來說,對於屠宰廠水的用途究竟有哪些呢?我們一起討論整理出有以下這幾種:

- **清潔用途:例如清洗雞隻外表、內臟等**
- **搬運用途:例如溝槽間羽毛的收集**
- **脫毛用途:例如脫毛機所需熱水**
- **冷卻用途:雞隻降溫使用**

　　接著我們就舉兩個例子來說明如何回歸本質思考原點,然後達到效率提升的效果。首先是搬運用水,目前的使用方式是用沖洗

的方式來促使物品移動，其實這很常見，像是用水管將馬鈴薯切削去皮殘渣沖往集中處再處理。這樣的動作看似輕鬆方便，但其本質目的只要將物品移動到指定處而已，這時候如果用水沖的話，除了浪費用水，反而增加場地溼滑造成人員滑倒的風險，甚至移動後還需要增加人工作業刮除弄乾的時間。

既然了解用水管沖的本質是為了物品移動，**那麼我們就能夠再從本質出發重新思考作法**，因此我們討論以人工使用刮刀掃除行不行？又或者用空氣噴槍定時自動啟動以氣流沖淨能不能？這就讓最初用水量節省的目標能夠更進一步靠近。

另外如果是以清潔為目的，那麼我們在現場看到清洗內臟使用傳統噴頭水壓小、範圍廣，就彷彿大學租屋套房那種生無可戀的花灑蓮蓬頭一樣軟弱無力。回頭詢問主管，其實中生代主管也已經遺忘當初建廠設產線時的管線架設目的，新生代主管更是進公司後就照章行事。但現在我們回歸事物本質，如果是以清潔為目的，那麼我們重新檢討設置地點，將傳統噴嘴改為高壓噴嘴，用水量縮減 62%，並且達成準確清潔的效果。

🔓 解決問題，有不同角度

從這個汙水處理用水減量的專案，我們使用三種不同的解決問題切入點，三管齊下順利完成專案目標。

最後再跟大家複習一次：

1. **現象數據疏理分類**：將現象用數據說明，並且進行分類，找出差異點或重點。

2. **細節進行管理深化**：把現有作法用數據解析，把線性結果拆解成階段性差異，創造更多可能。

2. **回歸本質思考原點**：把現有作法回歸本質思考，目的達成不會只有一種方法。

陳經理最後在總經理面前報告時，特別說到：「過去我們在做汙水處理時，都是從技術面去想要怎麼辦？這次很感謝小江老師的指導，讓我們發現原來從管理面也有這麼多改善的可能性存在！」聽到這樣的真心回饋，我也覺得暖心受用，大家一起繼續加油。

1-3

「既然變化這麼多，還需要什麼計畫？」
如何獲得超前部署的改善動力

🔒 **看別人都高瞻遠矚，自己怎麼都六神無主？**

「超前部署」堪稱是 2020 年台灣最火熱的關鍵詞，你在 Google 上搜索會得到超過 480 萬項結果。

這跟企業組織有什麼關係呢？其實不論是 2007 年出版的《黑天鵝效應》（The Black Swan）談到發生機率極低、容易被忽略的事件，或是 2013 年出版的《灰犀牛》（The Gray Rhino）係指極可能發生、影響巨大但被忽視的威脅，其實背後都是在警戒企業組織、金融體系必須在平時設想周全、做好準備，才能具備因應變化的實力。

然而為什麼大部分的時間我們還是會感慨千金難買早知道呢？

我們再來看個企業實際案例吧！TOYOTA 新一代神車 ─ CROSS 在台灣 2020 年九月底上市迅速席捲車壇，創下極佳的銷售成績，堪稱是台灣國產汽車界的一顆續命丸。然而當我與台灣多家企業老闆於十月份 CROSS 車款已經正式量產時，一同走訪慧國工業這家作為台灣豐田（國瑞汽車）的一階供應商，

由慧國工業江總經理陪同在製造現場聆聽課長所呈現的簡報時，
我們在現今所看到的改善發表：

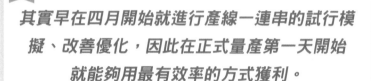

其實早在四月開始就進行產線一連串的試行模
擬、改善優化，因此在正式量產第一天開始
就能夠用最有效率的方式獲利。

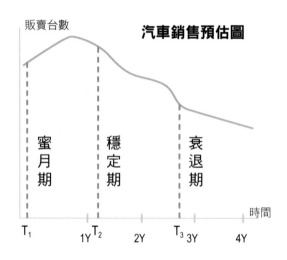

超前部屬者 T_1	中規中矩者 T_2	後知後覺者 T_3
效益最大，但投注心力大	獲利空間有限，問題解決型的改善	前期投資難回收，人員只學到教訓、沒有經驗

　　你可能會問說這有什麼嗎？但是以我顧問經歷來看，大多數的企業即便早期就參與新產品的設計開發階段，但到了最後量產卻往往還是急就章，先求上線交貨再來慢慢調整改善。更有甚者就得過且過，把當初急就章情況下的產線配置、人員效率就這麼給沿用個半年、一年到下代產品出來時又重複這樣的循環。

　　除非高階經營層有進行檢討，找來業務、採購、生產等單位確認接單效益是否落實，否則往往都是「事前宣示賺三塊，事後怎麼剩三毛」的窘境。

🔓 曾經自己傷過：面對灰犀牛的改善動力

　　像慧國工業這樣的汽車零組件大廠，經歷過多次景氣循環、突發事件，能夠撐得過來肯定是有兩把刷子。例如像是 2002 年台灣加入 WTO 組織、2008 年金融海嘯等情況，在傷亡慘重的情況下硬是撐了過來，因此公司能夠建立起憂患意識，了解時間成本的重要性，在追求產品利潤的歷程中務求最小化學習成本。

　　為什麼時間成本重要？因為迎面而來的威脅，我們僅能知道它終將出現，但卻無法預知它來的快慢。就像是火災現場剛被引燃的起火點一樣，如果我們不趁它火勢尚小時快點動作，那麼等待它變得可以燎原，我們就要花費最長的時間、最高的成本去撲滅它。這樣才能夠將外部環境變化的不可控性影響降至最低。這是一種因為自身經歷而反求諸己的企業實例。

灰犀牛效應：
不是隨機驚奇｜帶來強烈衝擊｜有一系列警告與證據

事件名稱	發生時間	問題說明	損失統計	原因分析	再發防止對策
給予明確定義，讓大家好記	確認發生時間，是否有規律性或對應關係	問題的現象描述	具體且實質的損失統計（幾個？多少錢？）	是策略面的問題？還是管理面問題？盡量以列舉可控因素為優先	該做些什麼才不會再發生第二次？
台灣口蹄疫事件	1997 年 3 月	台灣爆發豬隻口蹄疫事件，造成大量撲殺、出口消失、相關產業廠家大量倒閉	· 撲殺 385 萬頭豬 · 年減少 5000 戶養豬戶 · 飼料廠、肉品加工廠倒閉 · 整體經濟損失 1700 億台幣	· 兩岸豬隻價差大，且交流越趨頻繁 · 不肖業者自中國走私活體豬 · 邊境管制措施寬鬆 · 第一時間未全面撲殺	· 全面施打疫苗 · 環境監測、哨兵豬試驗、動物同居試驗 · 中和抗體血清監測 · 疫苗儲備、抗原銀行 · 加強邊境檢疫與查緝走私 · 牧場生物安全

灰犀牛的表格重點是告訴大家歷史重演的必然性，如果能夠詳細紀錄並分析每一次失敗原因受挫、後續對策，就能夠鑑往知來、防患於未然。

🔓 看到別人痛過：面對黑天鵝的改善動力

至於另外一種情況就更難能可貴，我們來看台灣食品大廠聯華食品（1231）的改善歷程。當同業的生管單位排程都以整天（8小時）或半天（4小時）做為最小單位，而聯華食品則是透過精實管理的改善，以可樂果產品為例，能夠生產 2 小時就切換品項。然而這樣的做法在其他同業眼中卻是遭遇眾多質疑：

「減少批量我們也可以，但頻繁的換線會影響品質跟效率」

「做這麼少哪會有規模經濟？」

然而這些疑問或挑戰，其實早在 2013 年公司內部就已經自我質疑過，不過在李開源董事長、江志強副總的帶領下，他們的「超前部署」從 2017 年開始獲得市場端肯定的回覆。

因為隨著超商量販通路走向各種聯名、期間限定為主的行銷方式時，**過往製造導向「做多少就能賣多少」的推式（push）生產已經轉變成「需要什麼再來做什麼」的拉式（pull）生產。**

的確大量生產會有規模經濟的效益，但是食品業是個時間賽跑的產業，在保存期限、鮮度品質的考量下，沒辦法賣出去的產品就只能報廢形成浪費。而聯華食品這幾年推動精實管理讓公司完成品庫存天數從 40 天降到 14 天的水準，同時也反映在財報的存貨周轉率從 2012 年度的 3.47 回提高到 2018 年的 5.24 回。

其實從 2013 年到 2017 年這五年期間，台灣食品業界嚴格來說並未迎來太多改變。然而為什麼聯華食品在董事長的帶領下願意面對質疑，挑戰舒適圈而做出改變呢？因為董事長從汽車業借鏡，當汽車這樣大型的交通工具、繁瑣的生產製程、多樣的零件組合都必須要迎合市場端少量多樣的需求，那麼食品業是不是也該引以為戒，讓公司放下往日引以為傲的榮光，從大量生產滿坑滿谷的巨艦模式轉變成小批量生產靈活操控的快艇。

黑天鵝效應：

期望以外的離群值｜帶來強烈衝擊｜後見之明、捏造解釋

	人均產值 （年營收除以 人數）	坪效 （年營收除以 總坪數）	庫存天數 （庫存金額除以 每日營收）	其他重點項目 （換線時間、良率、L/ T 時間 ... 等）
自己 公司	1,000 萬 / 人	53 萬 / 坪 / 年	11 天	有什麼是我們在意的管理項目？
同產業 標竿	1,300 萬 / 人 對手是規模經濟？還是價格比我們高呢？ 為什麼他們能做到？	80 萬 / 坪 / 年 對手是不是庫存水位低，所以佔用面積少？或是產品定位價格高？產線能夠混線共用？ 為什麼他們能做到？	3.5 天 對手生產批量如何？品項數量多嗎？供應商進貨頻率？客戶端出貨頻率？產品是否有特殊性？ 為什麼他們能做到？	同業最近有沒有什麼特殊動態？ 例如跟其他公司合作？切入新通路？開發新技術？
他產業 標竿		255 萬 / 坪 / 年 鼎泰豐，因為客單價高、米飯麵食類產品特性、翻桌率高、服務人員效率高	製造端 4 小時 Toyota 汽車，施行 JIT 生產，擁有完整供應鏈體系	例如：電動車侵蝕燃油車市場、外送服務影響泡麵市場 有沒有哪些潛在威脅是我們沒留意的？

黑天鵝的表格重點來自於我們不知道威脅從哪冒出，特別是面對這些突發情況、天災人禍、跨產業競爭等。因此我們必須在日常經營中就要懂得強身健體，唯有堅強的體魄才能夠面對艱困環境的挑戰。

🔓 你的計畫為什麼趕不上變化？

「你講了這麼多，我也知道他們都很成功，可是我們總覺得還是被變化追著跑，到底差別在哪裡呢？」

其實行筆至此寫了一千七百多個字，最後我只想留三個重點給大家：

1. 相較於外部變化，成功者更關注自身實力的增長。因應變化的靈活性是來自於本質的強大，游刃有餘跟左右支絀之間的最大差異就在於自身實力。

2. 相較於外部變化，成功者更關注時間成本的差異。如果能夠在第一天就獲利，絕對不會等到第一季過後才要來改。因為把時間看得越重，你才能從變化中找到可立足的隙縫。

2. 相較於外部變化，成功者更關注效法他人的勇氣。不論是同儕、同業、同部門，面對變化有時我們不一定是具備高敏感度，但只要懂得觀察他人動向與優點，那麼一樣不會落後太多。

1-4

「說也說了，罵也罵了，為什麼就是不改？」主管行為決定成長幅度

　　某天在臉書上看到一位企業主管的發文是這麼寫的：「說又不聽，聽又不做，做又做錯，錯又不認，認又不改，改又不服，不服你又不說！」有感而發的內容短時間內獲得極高的按讚數與分享，因為這段話對於許多基層或中階需要帶人的主管都是心有戚戚焉。

　　在日劇《半澤直樹》裡大和田的名言：「部下的功勞都是上司的功績，上司的錯誤都是部下的責任。」不可諱言我在企業輔導案中也常看到明明可能是義哥、阿翰等人撐起整個改善主題，最終成果發表會時從未出現過的經理卻跳出來上台收割成果，獲得董事長的讚賞。這種撿尾刀的行為，我相信我的讀者應該不會發生。

　　作為主管卻往往恨鐵不成鋼，總覺得底下帶的人不爭氣不成材，應該怎麼辦才好？

　　但是我過去在豐田體系工作時所體認到的職場文化是：

**當下屬犯錯時主管會優先檢討
是否在事情交代過程中出了錯？
是否標準作業的內容容易誤解？
是否環境、工具上出現變異？**

有人可能會說：「矯情啦！」「最後還不是會甩鍋出去！」其實如果不相信，那建議你也不要再看這本書，這社會上本來就是會有一群人對於所有事情都有所質疑、陰謀論、人性本惡，改善的動力不會從這樣的思維裡萌芽（有作者這麼兇悍嗆讀者不爽不要看的嗎？）

如果現在的你，總覺得帶人很辛苦，總是不斷迴圈在檢討相同的問題，那麼你應該要好好來看這篇，我會告訴你兩個內省原則跟一種說服方式，協助你透過行為改變，決定下屬成長幅度。

🔒 權力梯度過大：權威式領導的危害

國家地理頻道從民國 100 年起跟國防部合作拍攝一系列國軍專題，其中我特別喜歡看《台灣菁英戰士：傲氣飛鷹》節目，攝影團隊非常赤裸呈現學員在受訓過程中如何承受時間與教官的雙重壓力，完成高品質的嚴謹課程。

「你豬啊！」、「現在要幹嘛不知道嗎？保持機翼水平啊（大吼）！」、「手拿開，你不要飛了！」老實說我覺得國軍願意把這麼真實赤裸的訓練過程給呈現出來，應該就先超過一百分了（前國防部長馮世寬口吻）。我們知道軍事訓練除了戰技外，同時也重視心理抗壓性，但教育訓練的本意在於找出錯誤、糾正錯誤並精益求精，萬一有教官以羞辱學生、部屬為樂藉此顯示自己的天縱英明，反而會造成「權力梯度過大」問題。

所謂的權力梯度是航空界用語，係指駕駛艙飛航組員間存在正駕駛權威式領導，而副駕駛在決策過程中無法提出疑問或無效溝通等行為表現。例如上世紀大韓航空飛行員多為退役空軍機師擔任，學長就會擺老，少一梯退三步的階級觀念也被帶到民航去，結果在 90 年代末期導致多起嚴重的航空事故。

為此我向一位擔任民航機長的好友阿中詢問，**他說權力梯度其實並不是問題，而是有大有小。過大的話，會有權威式領導的危害；過小，反而會有命令鏈（command chain）效率不佳的狀況。**這就是作為管理者最好玩也最辛苦的地方，如何拿捏平衡根本就像是門藝術了。

▍權力梯度檢核表

編號	項目內容	有無 （打√表示）	編號	項目內容	有無 （打√表示）
1	重視權威感		6	傾向用處罰方式	
2	傾向維護秩序		7	線性思考	
3	表達清晰明確		8	重視計畫與執行	
4	封閉系統		9	單向溝通為主（由上往下）	
5	傾向避免錯誤		10	追求效率與績效	

如果你打 6 個勾以上，歡迎加入學長學帝雉行列！

🔒 管理者的理所當然：第一線卻是難上加難

在專業以外，我很重視溝通與協調。過往企業組織中管理者常犯的毛病就是：「這明明就是應該的，為什麼底下做不到？」但我想說的是，**沒有什麼是應該的，只是身經百戰、經驗豐富的管理者往往會忘記自己青澀、摸索的階段。**

就舉個例子來說好了：當你對於加減乘除、四則運算、一元二次方程式都相當熟稔時，突然看到小學一年級的孩子回答 8 加 5 等於 12 會覺得匪夷所思，因為你的理所當然是他的難上加難。

企業組織裡的改善活動也一樣，你覺得稼動率、工時損失、平衡率等是基本功，但是對於許多現場第一線人員來說卻是新鮮事。

這時若你擺個架子說：「這個很簡單啊！你們就做看看就知道了。」我跟你保證，絕對你會被現場打槍排擠加放棄，即便你有再大的 power 都無法挽救現場回應你的疏離感。我的做法其實很簡單，用聽得懂的語言、碰得到的程度帶大家一起檢討、動手。也許需要多點耐心，可能更要多點鼓勵，但畢竟管理不像技術創新能有飛躍式的突破，雖然距離遠了點卻是最短時間的路徑。

🔒 如何說服上司、同事或下屬：FAB 模式的應用

陸劇《琅琊榜》裡有句台詞說得真好：「問題在朝廷，答案在江湖」，如果你週遭不論向上或向下管理常存在權力梯度問題，你可以試著從 FAB 模式來進行說服與改進：

- **Benefit 利益價值：我們的共同客戶到底想要什麼？**

- **Advantage 優勢特點**：對方（被說服者）哪些地方表現好？
- **Feature 特性功效**：因為我們會什麼？

對象	F 特性功效	A 優勢特點	B 效益價值
上級	**步驟③**「我們是不是要針對前三大不良原因來做改善呢？」	**步驟②**「不過製造單位都有在收集數據做分析」	**步驟①**「老闆，我們最近那支 E 產品的不良率越來越高耶」
同事	**步驟①**「針對包材的 MOQ（最小訂購量），我想找你討論一下」	**步驟②**「如果我們能找廠商討論降低 MOQ，對公司現在爆倉問題會很有幫助」	**步驟③**「這樣年底公司成果發表會，我們倉管跟你採購這邊就可以一起報名了」
下級	**步驟②**「改善就是希望提升效率，特別是現在看到產線有不平準的問題」	**步驟①**「我知道你們都不喜歡加班，很累又沒有自己的時間」	**步驟③**「改好了，我們都不用加班，公司也看得到績效變好。真的不試看嗎？」

對上級溝通時

建議可用 BAF 順序先談效益，再說我們有什麼，最後具體要做什麼

對同事溝通時

建議可用 FAB 順序我們要做什麼，因為它能解決什麼，最後告知好處在哪

對下屬溝通時

建議可用 AFB 順序
因為我們在意什麼，所以具體要做什麼，最後告知好處在哪

不論是上司或是下屬，先正本清源說清楚客戶要的是什麼，接著提到對方的實質表現與特質。透過 FAB 模式我們讓被說服者先降低敵意，畢竟沒有人不喜歡稱讚的，又不是《海賊王》的喬巴（你這麼說我一點都不會高興的啦！），後面才有繼續討論的空間。然而最重要的是雙方對於客戶要的東西必須先建立共識，並且在說服溝通的過程中，要時時刻刻回溯，反覆提醒自己與對方才行。

🔓 管理不是理所當然

最後我想試著用一個實際案例來提醒作為管理者的各位，權威式領導或是理所當然的態度是種多滅火的行為。

某家大型企業在合作的第一年間成果豐碩，身為第一代的董事長還特別在年度成果發表會上提到：「過去我們年輕時，集團內沒有這樣的資源（指外部顧問）能運用，現在大家很幸福要好好珍惜。」然而第二年開始卻逐漸變了調，與我並肩作戰的年輕幹部們紛紛在私底下抱怨心很累，一開始公司鼓勵大家提出新方法來進行改善，然而在組織變動後卻總是遭到新任上司的各種花式勸阻：「不要問這麼多啦！照我說的就對！」、「你協理還是我協理？」於是我也很明顯的感受到團隊士氣低落。所幸最後在與高階敞開心房的溝通後，又再恢復到正軌上來。

🔓 必要時壯士斷腕的決心

「如果我們已經努力過但對方怎麼樣就是不改呢？」還是會有一些企業領導層會無助地求助，我總是會用戀愛關係來形容，如

果你深愛著對方，但對方就是個渣男屢次傷害你，你還是充滿著母愛，苦守著對方痛改前非、回心轉意的可能性嗎？

其實公司與員工間的關係，沒有哪一方對不起誰，如果真的不適合，或許長痛不如短痛才是最佳解。

「要培育一個改善團隊，我可能要花一年的時間。然而要消滅他們的火苗，可能只需要你幾句話。」最後就用我在會議上所說過的這句話，送給正在閱讀本書，且作為管理者的你。

1-5

「為什麼員工還沒改善就先跟老闆要好處？」精實管理的有效獎酬設計

. . . .

2021 年剛開始，有家生產家用電器的企業找上我，針對所有課長級以上的幹部們授課，在上完精實管理的概念與工具手法應用後，我們有一個月的時間讓大家回到自己的工作職場找尋改善題目，並且試著靠自己部門的力量推動改善。

然而在期中輔導時，我跟總經理 David、副總經理 Stanley 坐在教室後方一同聆聽四個單位的報告。當製造一課在台上談到他們產線作業員作業效率差異極大，造成生產能力無法穩定輸出時，我們三位在台下都點點頭表示同仁們有看到問題現象。這時候我們都還沒有察覺，一場放送事故即將發生 ......

我都還很清楚記得這位課長接下來說了什麼，他說：「因為有作業效率差異，所以我們課內自己討論的改善對策就是建議公司調整薪資政策，讓員工士氣高，這樣大家做起來就會比較有效率。」當下我看到總經理跟副總的臉色一沉，我還在反省這個單位在之前課程吸收上出了什麼問題時，總經理 David 已經忍不住說道：「XXX 你到底是在說什麼？什麼改善都沒做就在要東西，合理嗎？」

　　不誇張，作為顧問每日工作的其中一環就是能夠見到這麼多光怪陸離的事情。許多老闆都會感慨大環境或產業趨勢越來越不利，之所以想要推動改善，不就是希望盡快解決經營績效不佳的問題嗎？結果下屬們似乎無法同舟共濟、患難與共，反而覺得為了推動改善要多做這麼多事情。如果這個心結不好好溝通解開，結果只會造成老闆恨鐵不成鋼、員工陽奉陰違的局面。

　　因此總有許多企業領導人會在推動改善案時問我說：「顧問，我這邊要給予什麼樣的動力（誘因）讓大家願意動起來呢？」

 ## 推動改善的動力只有錢嗎？

　　在人力資源領域，有非常多的專家學者著眼於世代差異造成的職場價值觀，我還記得當我大學畢業時，作為七年級生一開始我們背負著「草莓族」的稱號，漸漸在管理書籍中我們變成 Y 世代或千禧世代（Millennials），然後在我們之後也有了 Z 世代出現。作為中國雞湯界第一人的馬雲，曾經說過：「員工離職理由林林總總，但只有兩點最真實：錢沒給到位，心委屈了」。

> 其實在日本豐田集團的人才考核系統中，
> 對於「如何評價」的重視程度是大於
> 「評價後的報酬」。

因為對於每個人來說，從小到大我們都會希望透過他人的認同、讚賞而獲得成就感。如果把所有的事情都用外在因素來激勵，**那麼我們就必須認知到「所有的外在激勵因素終會有所極限」，簡單來說，職位升遷會有天花板，加薪或獎金也不會無限上綱。**那麼當我們感受到「錢沒給到位」時，自然「心就會委屈了」。

以上這種現象在管理學上有個理論就叫「認知評價理論（cognitive evaluation theory）」，這個理論告訴我們因為工作本身趣味所帶來的內部報酬（成就感、自我認同等），會因為外在報酬的加入而降低整體的激勵效果。而評價人才這件事其實就很容易帶給人們成就感、自我認同。

其實孩子的學習最容易看出來，今天如果孩子喜歡彈奏鋼琴琴鍵發出的聲響，而家人朋友又能給予真誠的鼓勵，那麼你很容易可以看到孩子願意且投入更多時間在這件事上。然而華人社會要毀掉一個孩子的學習熱忱，最容易的方式就是跟獎酬連結。例如開始要求今天練完三張譜就給一顆糖果，沒有練完的話就不能看電視。這樣下去，會發現小孩那真誠的熱情眼神越來越黯淡，取而代之的是獲得實質獎勵時的短暫歡愉，以及面對懲處時的憤恨不平。

如果孩子已經開始對這件事情失去興趣或熱忱，那麼就算你加碼改為三顆糖果或是沒練完者不罰，相信都為時已晚。這也就是為什麼豐田集團對於「如何評價」的重視程度會大於「評價後的報酬」。

對於成就感跟自我認同這件事，就我個人的觀察與會談，我認為對於每一個認真投入工作的上班族來說，至少有這三個希望：

• 完成工作的成就感

2021 年 2 月 19 號，美國太空總署的火星探測車「毅力號」歷經七個月的飛行，最後順利降落在火星隕石坑。當我看到新聞畫面裡 NASA 指揮中心在確認毅力號順利降落的一瞬間所爆出的歡呼聲，那種完成工作的成就感，絕對是最誘人的甜蜜果實。因為在這之前，天曉得 NASA 的相關專案人員扛著多大的壓力！

因為被交付比目前能力還高一點的目標，當努力跨越時，成就感絕對比什麼都高。透過這個案例，我想作為企業領導人的各位要思考的是公司是否有「參與式的目標管理體制」。畢竟如果只是主管說了算而沒有溝通，那不叫目標，一定會被大家靠腰（哇～單押！）。

舉例來說，如果公司想針對整體產品成本降低 10%，輕易地叫採購、製造、研發、生管、業務都一視同仁降 10%，絕對不是好主意。因為你的行業可能原物料成本就佔七成，而管銷研成本因為公司過往已經力行樽節僅佔 10% 總成本，說不定原物料成本有 15% 的調整空間，但管銷研已經退無可退。**所謂參與式的目標管理體制，是公司先讓各單位了解整體目標在哪，透過討論、協調、整合等機制，讓大家共同認清未來挑戰，了解內部的不同，進而找出每個單位最合適的目標設定。**所謂的分工合作，不應該是先分工再談合作，如果起手式就已經先談分配就傷感情。而是先談合作、建立共識後，再談如何分工才能夠將衝突降至最低。

- **工作獲得合理評價**

如果今天你是 NBA 球隊裡的王牌，看到其他隊的王牌年薪都超過 3000 萬美金，當你向老闆抗議時，老闆卻說：「我們是一個 Team 不分彼此。」你一定會想說他腦子是不是燒壞了？因為你創造出手機會並把球弄進籃框、抓好防守籃板、做好防守甚至助攻隊友，結果你在場上的巨大效用卻沒有獲得合理評價，你當然會想哭。

如果有個合理的目標，達成後還能夠獲得合理的評價，並能得到加薪或升職，這當然會影響成就感與自我認同，而這其實要看公司的教育訓練體制還有人事評價制度是否完善。

- **有挑戰性跟自主性：**

最後是挑戰性，如果像 Win95 版《仙劍奇俠傳》傳說的「十里坡劍神」事件（有網友花了大把時間卡在遊戲初期關卡砍殺小妖小怪練等，卻練成高等成就），其實這在一般職場只會讓員工覺得無趣、無聊而待不住。

給問題而不是給解答；給挑戰而不是給工作。

如果大小事情都要請示裁決、聽候差遣，那麼自然容易缺乏熱情與改善的決心。有挑戰的適當難度，又有自主的限制範圍，這就是個讓人才快速成長的培養環境。

🔓 如何設計有效的獎酬式改善驅動力？

但雖然這麼說，鄉民網友就會說：「這種就是慣老闆的幹話啦！」沒關係，我們就來談談實質的報酬。談錢傷感情，但如果對於工作的每一個夥伴你不談錢，可能沒人要給你臉。但每家企業的工作性質或是經營環境情況不同，於是我想跟大家分析不同工作型態下，如果要推動改善活動，究竟怎麼設計實質「報酬」會比較適當。

就請大家且聽我分析：

	純手工作業	多人產線作業	間接單位
按件計酬＋級距	●		
月或季獎金		●	
半年／全年獎金		●	●

- 按件計酬／級距制

按件計酬的設計是用以激勵每個人發揮最大效益，但如果是屬於多人協作的工作，往往會有許多交互因素會影響。例如多人產線如果要用按件計酬制，那麼產線內速度最快、技術最純熟的作業員可能就會跳起來抗議，因為他會覺得他的工作無法受到合理評價。

> **因此按件計酬制以我顧問經驗中會建議用於個人純手工作業,而且是無法分割工作的方式。**

　　例如像是雞豬肉品的部位分切員、汽車座椅皮套縫製的作業員等。這樣的工作性質需要一個人從頭到尾完成無法分工,個人的技術、熟練度、意願直接影響產能,正因如此透過按件計酬的設計方式會讓人員能夠自己追求合理的報酬。

　　但需要有兩個配套措施一同施行,效果會更好。**一個是「級距制」,透過人時產量的分級**(例如每人每小時 110 件以上叫 A 級、109 到 100 件的叫 B 級、99 到 90 件叫 C 級、89 件以下叫 D 級),把計酬基準也分級。A 級的一件 1.5 元、B 級的一件 1.3 元、C 級的 1.1 元、D 級的 0.8 元。基本精神就很像直銷的分潤模式,什麼紅寶石、翡翠、鑽石等。

　　另外一個重要的配套措施是按件計酬人員的教育訓練是由「公司統一傳授」並且需要定期更新。如果少了這個前提,有很大的機率開始會出現老鳥藏私、新人擺爛、結黨營私的問題,不可不慎。

- 月／季獎金制

　相較於上述的個人純手工作業，牽涉多人協作、人機協作的生產型態則建議以整體產線績效表現為評價基礎，獎金發放以產線為主，不宜在個人間有獎金高低差異。為什麼呢？原因有兩個：

- **產線會受到每月、每季客戶需求、生管排程的差異，因此獎酬設計的時間間隔不宜過短。**
- **多人協作產線會牽涉到不同作業員、不同年資、不同工站的團隊合作。**

**然而以月度或季度作為獎金發放單位，
較適合用在處於高速成長期的企業。**

　例如公司正在擴大市場佔有率時，或是該工廠處於新興市場國家如東南亞各國。如果發放時間間隔過長，會讓產線團隊望穿秋水，甚至新興市場國家的人員流動率高也會影響團隊績效表現。

- 半年／全年獎金制

至於獎金發送時間間隔拉到半年、全年獎金，適用對象有二者。第一種同樣是多人協作的產線，但所處產業的環境變動小，可能已經是成熟期的產業，例如汽車業等。因為位處成熟期的產業，變化起伏不大，所以績效獎金就以比較長的時間間隔設計。

> **成熟期的企業，各種改善活動**
> **也需要比較長的時間，效果才能浮現。**

第二種適合半年、全年獎金制的則是間接單位，像是業務、研發、生管等。是因為功能單位的性質，它的改善無法在短時間內浮現，所以同樣適合半年度以上的獎金發放間隔。

🔓 加薪好？升遷好？有什麼區別

最後想釐清大家一個概念，公司推動改善活動的誘因只剩錢嗎？對於改善的實質績效部分，建議是以「績效獎金」或「加薪」來作為報酬。然而站在公司領導人的角度，不應該只單就實質績效來對人員做評價，**如果在改善過程中有看到能力、態度的改變與進步，那麼就應該用「升遷」來作為評價報酬。**

　　大家都說企業最重要的資產是「人」，然而在不同產業、不同發展時期都會有其特殊性在。今天這邊提到的各種方式、概念都希望能夠提供給大家參考。如果企業透過選材、育材、留材、用材的程序，投入這麼多人力物力做好人材培育，卻因為沒有工作成就感、沒獲得適當評價或工作缺乏挑戰性、未來性等原因而流失，這其實比我們在生產過程找尋各種浪費、缺失還要更大，不可不慎，更希望大家通過這篇文章，能夠更加重視人材評價與獎酬的搭配。

1-6

「多能工聽起來很夢幻，但都被說是欺壓員工？」為什麼管理者還是需要推動多能工

作為企業顧問，形形色色、酸甜苦辣的場景都會遇到。前陣子到中部一家企業，是亞洲最具規模的容器製造商，使用環保材質並擁有特殊工法，讓這家公司在 B2B 端相當具有競爭力。不過回想我與公司第一次見面的場景，可說是真劍對決。

「顧問你說什麼人機分離，要一人顧兩機，這樣我們薪水有增加嗎？」資深的方課長舉手提出疑問。這個問題彷彿點燃炸彈的引信一樣，會議室裡大家開始你一言來我一句：「對啊，我們以前績效是用加班來看，現在怎麼辦？」旁邊開始有人附和說法，接下來一發不可收拾，到後來我聽到有人已經喊出：「這樣我們一個人要做三個人的工作。」等等之類的話。

這一切的動盪根源，都是我在看完公司製造現場，針對目前生產方式所提出的建議：「建立多能工制度，讓現場能夠依照需求而調整人員配置」。

所謂的多能工就是員工擁有多項技能，例如跨單位、跨設備的實作能力。然而許多人聽到「多能工」三個字，講個比較政治不正確一點的話，好像顧問是資方走狗一般只懂得剝削勞工。

　　然而多能工有這麼簡單，說你多能你就真的多能嗎？想看看，櫻木花道原本只會抓籃板，接下來會禁區跳投、中距離跳投，後來還長出傳球視野，這些東西都不用練、不用花時間投資嗎？重點是就算你被訓練成多能工，你的時間跟其他人一樣都是 24 小時，同時間內能夠負擔的工作也是有限，怎麼會有所有工作都只會在你身上的幻想呢？所以這一篇我們要把重點放在多能工的管理意義與具體作法上：

- **究竟多能工對於公司管理上的好處是什麼？**
- **為此我們又需要投入哪些努力才能夠達成呢？**
- **最後我們還要怎麼評鑑多能工呢？**

作為公司的領導層，且聽我細細分曉。

🔓 多能工在管理上的好處

說實話，作為公司老闆最怕的兩種管理情況是：

- **「這東西只有他會」（高技術綁架）**
- **「他只會這樣東西」（低能力綁架）**

不論是哪種情況都會讓公司、產線在面對變化時，難以應對。你問我扣掉人員請假、異動、離職等情況以外，還有什麼事情需要多能工？

> **就像是客戶需求訂單如果發生變化，**
> **就能夠感受到多能工的好處。**

　　舉例像一條產線八個人各司其職，一天八小時能生產 800 件。要是現在每日需求量只剩下 600 件時，你只剩下兩種選擇：

選擇一：降時數，八個人用六小時生產 600 件。

　　這時候，管理上你遇到的實際難題是，到下班前還剩下兩小時這八個人要做什麼？

　　移轉工作區域？繼續原地生產相同產品？又或者原地生產不同產品？不論哪個後續選擇，都會存在著切換工作時的浪費，很難做到完美的無縫接軌。

選擇二：降人數，六個人用八小時生產 800 件。

　　然而原本八個人各司其職，現在產線各種設備操作、手工作業要改由六個人來做。你不需要考量剩下多少工時，因為剛好做滿八小時；也不用移轉工作區域；更不用原地生產相同產品或換模。

　　聽起來好處多多，但這時候如果你遇到技術綁架或能力綁架，這個選項就毫無用武之地。只有建立多能工，我們才能在調整人數上保持彈性。

🔓 推動多能工的重點

既然看到多能工的好處，接下來就以企業推動多能工的重點跟各位說明。由於多能工在企業間的需求各異，因此在這邊僅做原則性的闡述，相信聰慧如您，一定可以融會貫通、學貫古中。

- **工作本身：精簡容易、現場指導、標準作業**

工作要「簡單做、容易做」，如果一門手藝的學習曲線拉的很長，例如像是中國傳統樂器常見的說法「千年琵琶，萬年箏，一把二胡拉一生」，或是古代兵器「百日刀，千日劍，萬日槍」，都很容易造成失傳或極高門檻，這就回到我們前面所提的「高技術綁架」或「低能力綁架」上。

試著想像如果公司內部不同單位、技能的學習都存在著各種資訊落差，我學 A 機台要三個月才能上手，然後學 B 機台師傅卻跟我說要三年，公司就難以掌控學習進度與人員調度的彈性。這也是為什麼公司要重視標準作業以及管理者的現場指導，**標準作業的建立能夠降低不一致性，而實際上更仰賴於管理者的現場指導及跟催，大家才會熟悉運用。**

- **組織方面：全面性展展、長期穩定計畫**

多能工的推動，最忌諱公司朝令夕改，因為過程中需要人員花費大量時間成本進行教學、學習。所以一個長期的穩定計畫，絕對是必須的存在。

另外有別於推動精實管理的改善活動，多會建議先從局部推展，才到橫向展開至全體。

63

在多能工的推動上，為避免組織內部爭論、相互計較等情形，會希望全面性推展。畢竟站在公司角度，如果是個長期穩定的計畫，其好處（避免高技術綁架、低能力綁架）又能夠被看見，那麼本來就應該是各單位都應該努力的重點。

- **機械設備：簡易自動化，安全第一**

如果在工作方面我們希望能夠做到精實容易，若牽涉到設備，那麼就需要設法進行簡易自動化的改善。例如在加工物料的供給、移動上盡可能做到「整列化」（一個接著一個）。而在取拿上面則可以做到「自動退料」（加工後物品能夠從模治具上退出）。

同時針對產線設備因為會在多能工推展後，使用人數增多，而人又是最大的不穩定因素。所以機械設備對於工安危害高風險的部位、區域需要小心防範，安全終究是回家唯一的路（好老派）。

推動多能工的重點

工作內容	設備設計	組織支援
· 工作設計要簡化易學 · 管理者要現場指導 · 標準作業的一致性	· 物品移動的「整列化」 · 物品取拿「自動退料」 · 安全品質是最根本	· 長期穩定的推動計畫 · 全面性的推展 · 領導人的決心堅持

🔓 多能工的分級制度

「把事情給做完」以及「把事情給做好」是兩回事，然而在推動多能工時，我們究竟要怎麼評估一位多能工在學習該項技能、操作該台設備的能力值呢？在日本豐田集團的體系中，很常見以四分圓的方式讓主管進行評估。

- **四分之一圓：能夠依照標準作業，獨立操作該機台或工藝技術。**
- **四分之二圓：能夠自行確保品質，了解品質重點及檢查方式。**
- **四分之三圓：能夠進行換模作業。**
- **四分之四圓：能夠指導他人進行該項作業**

個人育成四分圖

・能獨立完成標準
作業

・完成標準作業
・能判斷品質好壞

・完成標準作業
・判斷品質好壞
・能換模換線

・完成標準作業
・判斷品質好壞
・能換模換線
・能教導新人作業

註：各階段技能習得的標準可由公司、部門各自訂定

65

當然這樣的定義方式僅供參考，透過四分圓，接下來我們就能夠針對部門內的所有員工進行技能盤點，透過單一時間點上，我們能夠了解不同員工間，在面對不同機台或技能時，現有的技術水準是在哪個層級。依此訂定培訓計畫，設定明確目標（例如江守智在研磨工作上，現有技術水準是 2 級，預計半年後挑戰 3 級），管理者就能夠將其納入管理重點，為公司培育多能工人材做出貢獻。

人員 ＼ 工作	技能項目			
	點焊	沖壓	組裝	檢查包裝
林×金	—	⊕	⊕	⊕
楊×仁	⊕	⊕	—	⊕
江×智	⊕	—	⊕	⊕
陳×華	⊕	⊕	⊕	⊕
劉×福	—	—	⊕	⊕
查×拉	⊕	⊕	⊕	—
哈×克	⊕	⊕	⊕	—

製造二課○○○產線

電影《火線救援》中丹佐華盛頓飾演的男主角面對窮凶惡極的壞蛋曾說過一句名言：「寬恕是他們與上帝的事，我的工作是安排他們見面。」

其實作為顧問，針對多能工議題，我的回應也極為相似：「溝通是勞方與資方的事，我的工作是透過改善讓他們正視這問題。」

好吧，想了想還是覺得這樣太過簡單。還是提出一些公司的具體做法讓大家參考，例如設計工作帽上的徽章、工廠內的大型看板，進而設計多能工培訓對應的獎酬制度，從評價的成就感、實質報酬面認真去推行。不要輕忽制度設計的功效，許多企業老闆常會跑來問我說，究竟要怎麼減少抗拒、阻礙，我就會帶著他們檢視組織現有的制度設計。我常會說：「**你的制度怎麼設計，就會影響組織內部所有人的行為表現。**」另外，事前的妥善溝通也是絕對不能或缺的關鍵要素。祝福大家在公司管理上能夠越來越順利，加油！

1-7

「買設備就跟買房一樣，不注意，你的錢就沉在這！」設備購置交戰守則大解析

「顧問，我們這次的題目主要是針對設備預約率跟達成率進行改善。就像您在簡報所看到的一樣，客戶會預約我們設備的時間，但跟實際達成率相比約有 40% 的落差。公司已經指示今年度我們部門不會擴增任何設備產能，而是希望先從消弭差異做起。」2021 年新春的週四下午，我在竹科某企業會議室裡進行顧問案指導。

40% 的落差，實際稼動率在 50% 以下，中翻中的解釋就是客戶預定了你一個月 22 個工作天裡近 18 天的產能，結果因為種種因素最終實際產能只用了 9 天而已，剩下 9 天的產能你只能夠望著設備興嘆。這樣的模式在過去兩年內不斷惡性循環，這個部門已經吃掉許多其他單位的空間，只為了能夠放置他們新設備以趕上客戶需求（或許可以說是要求？）。如果照過往豐田生產方式的邏輯，可能會檢討當初為什麼要當「新台幣戰士」卻讓設備產生這麼多閒置，讓公司花了這麼多資本，結果就會變成檢討大會，卻無法實質解決任何問題。

其實顧問也會隨著產業經歷的擴大而有眼界上的成長，三年前的我可能無法理性看待大量設備購置的作法，但現在就懂得對於

某些產業來說「買設備」甚至只是取得客戶訂單的入場券之一。產業間上下游的議價能力，自然會影響企業本身的決策與作法，本來就無可厚非。

> **我們不應該拿汽車業的改善作法，**
> **去質疑科技業的遊戲規則，**
> **本來就沒有絕對的對錯可言。**

領導人在引進豐田精實管理的改善作法時，也應該要考量自己企業的特殊規則，做適度的應變。因此在這邊我打算提出三種不同情況下的設備購置重點供各位參考。

🔓 成熟期：吸取經驗，謹慎規劃

對於處在成熟期的產業，例如汽機車、自行車、食品等傳統產業來說，生產技術的迭代更新速度相對比較慢，可能三五年或十年才有顯著的改變。因此當有購置設備的需求時，我們就有相對較長的時間可以檢討、規劃。

雖然說新設備的購置可能是為了新產品的需求，技術開發單位、業務單位因為掌握技術能力或貼近客戶需求，可以講話比較大聲，但我們卻不能輕忽製造現場每天的使用。

對於成熟企業，我想提議的大原則是：

從舊設備檢討問題，用新設備回應需求。

1. 生產速度的確認：是否能夠因應未來訂單預估量？過快也會有產能浪費。

2. 換線時間的確認：現有的換模、換治具、換膠卷、換貼紙等方式能否改變？

3. 物料出入口確認：投料跟收料能否合併至同一處，挑戰單人作業，而無需配置兩人分開進行。

4. 投料取料的確認：人員投料、收料可否改為自動投料收料？多久需要補料或收成品？

5. 維修保養的確認：維修保養是否好判定、好維修、好保養？

6. 電控儀表的確認：電控箱不用好找，用到它頻率相對不高；儀表要最好找，因為點檢需要。

2. 人員訓練的確認：設備操作技術的養成是否需耗時過長，還是操作容易？

就像是夫妻感情救星—洗脫烘三合一機、洗碗機跟掃地機器人一樣，各家廠牌變化不大，重點在於家中條件、使用習慣會影響

好不好用的評價。**對於成熟期的設備需求，建議公司應該要從「需求端」出發，先聆聽使用者的真實心聲，從使用者場景考量。**因為設備基本型態、功能變化不大，怎麼好用才是重點。

成長期：鎖定需求，品質優先

面對成長期的競爭壓力，以擴大市佔率的思維考量下，設備購置的決策時間相對壓縮，甚至很多設備是在沒有過往使用經驗的情況下購入。雖然無法有過往經驗可供參考，甚至你只能聽設備供應商的話而已，但還是有幾個重點需要注意。

首先是對於市場或客戶需求的掌握，每個人對於風險的承受度各不相同，也許阿憲覺得人生準備 40％ 就衝了，但可能小強需要到 80％ 把握才願意下手。

> 因為成長期的變化很大，
> 重點不一定會放在製程改善上，
> 反而是「這可以用來做什麼」的用途考量。

例如我的客戶「瓜瓜園」就是個非常好的案例，因為他們夠年輕且加上市場也還在高速成長，所以他們對於設備投資或探詢非常有心，有鑑於歐洲各國農業轉型的成功，他們也積極接洽歐系農業機械公司。每一台設備也許在購買時還找不到市場，但正因為市場還在成長，所以反而是在設計開發、行銷推廣上用心去創造需求。這種看似衝動的作法，卻讓他們往往能夠找到一些別人忽視的商機。這點甚至我會從許多大型食品公司口中聽到對他們的讚賞與欽羨。

　　不過這時候的設備購置雖然著重在如何回應或創造市場需求，可能不一定能夠發揮最大的產能效率或管理用途，但是唯有品質與安全是不能被輕忽或省略的重點。

　　因為是新設備更應該要建立良好的安全準則，因為工安事故的發生對於當事人與背後的家庭都是極大的負擔。而品質的穩定性更會影響後續的成本、效率、交期與庫存，甚至客戶端、通路商的召回、罰款等問題，既然我們在成長期那就更不能輕忽這兩者所造成的影響。（當然不是說在其他時期品質跟安全就不重要，而是成長期它的失敗成本會更明顯，而且也會因為缺乏過往經驗而容易忽視，這邊一定要特別說明清楚）

🔓 高速設備在少量多樣時的問題？

對於許多製造廠說我們買的是德國、日本或中國設備，這些設備廠商對應到他們的客戶大多都是打世界杯、全球戰的客戶，因此在設備的產能速度規劃上都是追求極致表現。

> **然而如果你所面對的市場主要是以**
> **服務台灣本土市場為主，**
> **你真的需要什麼設備呢？**

不論是拿台日的汽車業或食品業來比較，在相同市占率下，光是人口數就有六倍的差距。這時候如果你購入日本最新的高速設備，它可能是被設計來因應日本國內市場的需求量，但被用在台灣就會有稼動率過低、設備折舊攤提高等問題，反而不利於成本競爭力。我就曾在台灣某食品廠聽聞過公司新設備折舊攤提年限是 20 年這樣的天文數字，可以想像這對企業經營來說會是多大的負擔。

例如在日本一家市占率 20% 的企業可能一個月要出貨 120 萬箱，但在台灣市占率 20% 的企業一個月出貨則為 20 萬箱，當然這時候你可能會說：「不會啊！我買最新設備回來就想辦法多接單就好」，透過大量接單的方式，把這台新設備或產線的產能給

衝高。然而泛用設備的混線生產實際在製造現場會隨之而來的挑戰還可能有：

1. 換模換線的頻率拉高，生產效率降低
2. 人員的學習成本提高，容易發生誤組裝等不良
3. 換模換線時的品質再現性低，造成品質差異大，且不好追蹤原因
2. 因為換模頻率高，所以公司整體持有庫存還是會拉高

由此可以看出不論是在人員、物料、設備、方法上其實複雜性都變得更高，甚至對許多想要推動精實管理改善的公司團隊來說，光是想到生產調查的工作就覺得頭大。

不過如果公司是打世界杯戰場，或是對於改善有持續精進的團隊氣氛，那以上這些挑戰、顧慮就不是太大問題。

🔓 少量多樣的環境：慢速／專用的生產線

最後我們來談談一個近年來反思台灣製造環境的新可能：「慢速生產的專用線」。

乍聽當下你可能會心裡想：「老闆求快都來不及了，你現在跟我說要慢？」但你可以回頭看看上一段的四種挑戰是否目前已經在公司裡浮現？

當然生產線不進行多品項的混線生產，對於品質來說，能夠擁有穩定的製程，問題自然比較少。但站在公司經營的角度來看，要解決的問題有三個：金錢、時間與土地。對於公司領導者來說，三者均是重要且稀缺的資源，因此必須在規劃慢速生產專用線時分別顧及下面重點。

• 金錢：設備購置金額的低減

對於企業領導層來看，原本可能只想買一條產線，但現在需要擴增成三到四條產線，心中不免嘀咕這種花錢方法會不會太敗家？不只設備要變多，甚至產線配置的作業員也要增加。

然而這個時候設備端我們不以新穎的高速設備為考量，而是穩定的舊世代設備為優先。而且如果對照前文案例，如果日本企業一個月 120 萬箱，我們一個月 20 萬箱，那麼設備費用就要以日本廠的六分之一為目標。

另外在設備端要低減金額也可以思考：「單一機台上的作業複合化」，例如過去可能一台設備做高速焊接，另外一台進行高速

沖壓，雖然能夠把生產速度拉快，但對公司來說就是要買兩台設備。如果能夠做到焊接沖壓都在同一台設備完成，雖然會讓設備加工時間拉長，但卻可以省掉一次取拿動作的作業時間，同時設備價格或佔用場地面積也都有機會能夠壓低。

等一下，我知道你可能很在意設備加工時間拉長這件事，但究竟能拉多長其實考量點在於需求量有多大而定。需求量越少，自然需求速度越慢。

- ### 時間：勞務費用的低減

在勞務費用方面因為不需要這麼快的生產速度，每個人能夠負責的工作與範圍均能變大，因此在人員配置的勞務費用也應該縮減才對。如果設備生產速度很快時，一個人可能僅能負責放料工作，現在因為生產加工速度放慢，一個人甚至除了放料外也能夠兼具收料、檢查的工作。**這會讓一條產線的開線成本降低，以往可能八個人才能有效產出，現在有機會以五個人方式即可順利進行。**

- ### 土地：設備空間面積的縮小

前面有提到複合式設備的目的是讓不同功能、工法、動作盡可能在同一台設備上完成。其目的除了讓設備造價有機會減少外，對於土地面積來看也是能夠降低使用空間。另外有三個跟設備相關的面積也不要輕忽其重要性：

- **物料擺放空間：既然能夠慢慢做、專線做，我們就無需設置大規模的線邊倉。**

- 電器箱、廢料箱、油箱、水槽位置：盡可能向上發展不獨立佔用空間。
- 滾輪或輸送帶長度：能滾輪就不用輸送帶，滾輪間隔無需過於密集，長度也採合適即可。

> **對於許多企業來說，買一台新設備**
> **可能是公司好幾年的營業額，**
> **如果只是單純聽設備廠商拿著型錄簡報**
> **就做出決定就太可惜。**

　　就如同文章標題所述，買設備跟買房一樣，最重要的還是自己的需求、所處居住環境、家庭人數的條件。如果沒有在開始時就把條件給設定好，很容易越看越高價位，雖然越看越滿意，但實際入住時卻不符合日常生活所需，就顯的得不償失了！不可不慎！

1-8

「間接單位的流程改善要怎麼進行與評估？」談跨多單位的改善方法

第一次接觸精實管理的企業，常會有這樣的疑問：「顧問，我們只需要請工廠的同仁來參加嗎？還是總部的同仁也需要來呢？」因為大家對於一個以生產製造為主的管理系統，難免會只把目光放在自己的工廠、設備產線跟人力配置上，在改善題目的選擇往往就會著重在效率、成本、品質、交期方面。於是就會出現這樣的疑惑：「這個跟我們財務單位沒關係。」、「採購跟業務就不用來了吧？」

剛好在 2020 年下半年我手上同時有三家企業客戶為了因應未來成長趨勢，都準備更換 ERP 系統（英語：Enterprise resource planning，縮寫 ERP）。這對公司來說都是件大事，不僅是現場單位需要調整，同時間接單位也需要重新檢視流程。

而這三家企業（一家食品、一家汽車零組件、一家電機廠）的總經理都非常了解精實管理對於流程改善有相當幫助，加上公司大多數同仁未曾遭遇過系統切換，因此如何在時間壓力下，討論並聚焦流程改善的要務就格外重要。我也在短短三個月時間內陪伴這三家企業一同走過系統更換的陣痛期。究竟我是怎麼做的呢？請看以下四個步驟：

🔓 第一步：描繪出舊流程，列出現有問題點

話說在前頭，無關好壞，只是我個人習慣。我不太喜歡在會議裡僅用 PPT、Excel 等工具畫出一張流程圖來，我自己偏好在大白板或海報紙上用對比的方式討論。首先列出現有流程，然後請各部門單位在現有流程下，提出覺得困擾、耗時、容易出錯的地方。這時候作為高階領導或中階主管要注意下面這三件事。

• **各單位對於現有流程的熟悉度**

不管你信不信，我還真的看過許多公司主管甚至無法完整明確地描繪出自己負責的工作流程。因此透過這樣的方式，我們就有機會在第一步檢視同仁的熟悉度，更避免盲點、誤區的存在。

• **是否自掃門前雪而缺乏整體觀**

「我們生管單位每次就是遇到業務拉急單！」、「哪有生管農曆過年前一週就 close 掉不讓人下單？」如果只是單純的流程討論，往往會遇到各說各話的情況，會議因此容易失焦在對人不對事。能夠把相關單位聚集一同描繪現有流程並列出問題點，其實就是創造一個讓大家邊寫邊想的改善機會。

• **現有問題點作為改善目的與動力**

等到現有流程跟問題點都列清楚之後，我就會開始帶著大家討論現有的問題會造成什麼影響？這樣的影響程度能否被量化？先給大家一切明確的衝刺目標，那麼對於接下來的流程改造會形塑更強的動力。

當然，作為外部顧問以及中高階主管同時也要確保藉由問題所產出的目標是否符合公司效益考量。

🔓 第二步：討論新流程，確認是否解決原有問題

緊接著要把新流程列出，此時我不建議直接討論流程是否有簡化空間：

而是回頭檢視舊流程的問題，
是否能夠透過新流程解決？

我這邊有個很簡單的判斷方式，例如請每個單位把自己認定下個單位一定要知道並填寫的表單、資訊寫下，然後我就會拿去問下個流程單位的負責人：「你覺得這張表單對你來說重要嗎？」、「為什麼要填這一欄數字？」

你會發現或許我們提供給下個流程單位八張表單，但實際上對方只看重其中三張。為什麼會產生這樣的問題呢？**我會說是組織在成長膨脹的過程中，流程的疊床架屋多半來自於曾經犯下的錯。**為了除弊，公司最快速的方式就是「設關卡」，然後讓產品或情報在經過每一道關卡時都要帶著「通關文牒」，自然會讓整個系統變得累贅緩慢。

• 許多新流程只是換湯不換藥

就像是「下殺75折」跟「買一送一」，許多企業的流程改造往往是換湯不換藥。常見手法如：原本是 A 單位需要做，現在改為由 B 單位負責；本來需要做事前檢測，現在改為事後檢測。

物質不滅定律呼應這種換湯不換藥的做法，最快避免其發生的做法就是用第一步當中的量化目標去確認其改善效益是否符合公司考量。如果沒有，那就只是偷天換日的概念置換而已。

• 若無法解決現有問題那意義何在

回歸現實，如何把流程設計從除弊端移轉到興利端，其實很需要領導階層跟管理者的「勇氣」。

我曾應邀到一家化妝品廠，希望去解決他們內部品質相關問題。結果發現整個生產製造流程中有各種的全檢、抽檢、巡檢項目，深入瞭解更看到重複工作、前後無關聯等問題。經過與公司管理幹部們開會討論後才知道，原來過去他們的做法就是只要接到客訴問題：例如異物、封口不良、印字問題等，一律就是在流程中增設查核點，例如封口不良那我們就在裝箱前增設一名檢查人員。就我來看，**這就是所謂的「防弊」型的流程設計方法，因為未能直面問題的根本，而是採取防堵措施。然而單純的防堵會因為思考不夠全面、變因太多而導致失敗。**

> *所謂的興利端其實是希望大家能夠*
> *回歸最根本，瞭解為什麼這個問題會發生？*
> *是什麼造成它發生的？要怎麼做才不會發生？*
> *如果發生了我們有什麼解決方法？*

如果大家小時候有看過大禹治水的童話故事，你就知道大禹他老爸鯀（字音同滾）用的是防堵方式，在岸邊設河堤，但水卻越淹越高，歷時九年未能平息洪水災禍。而大禹則不直接面對問題的現況，而是先測量地形高低（問題的本質原因），將平地的積水引導入江川，再由江川入海，這就是防弊到興利的差別。

但是前提條件是如果整個組織氛圍無法鼓勵嘗試，而是嚴懲犯錯的話，那麼不需多久大家都會作繭自縛。相反地如果我們能夠著眼於目的與最終價值，那麼在嘗試過程中犯點錯也是可被原諒。

🔒 第三步：資訊系統未解問題，能否用「物理」方式解決

再來，我們都會希望透過新科技、新技術去解決現場第一線問題。就像是現在新車往往電子配備很多，然而一旦有故障發生，反而難以查出是哪個環節出問題。為什麼老車反而會有一派人簇擁呢？原因就在於機械構造在設計端相對不複雜，只要確保其設計無虞，反而故障率低且容易找出原因。

就拿實際案例來說，某食品加工廠就希望透過資訊系統整合存貨編號，卻還是會擔心現場人員可能誤領。但在討論過程中，我反而發現大家卻忽略有另外一種可能，那就是在現場透過物品標示方法、貨架定位邏輯來解決問題。

• 不要妄想用資訊系統一勞永逸

如果減肥，你會期待快速消脂、不再復胖的減肥靈藥。如果要做居家收納，你可能寄託有專人為你分類整理。公司的間接單位流程改造也是這麼一回事，我們寄望有個強大的資訊系統並且在顧問的服務下，一轉換就能夠順利連接。

但你知道、我知道，公司上下大家都知道這是不可能的事。如果不願意把手弄髒，扒開流程中每一段骯髒污穢處，你就很難做到去膿消腫恢復健康。

• 科技始終來自於人性

如果真的有適當的科技工具能夠協助流程，當然再好也不過。不過我會建議大家寧可在初期用最嚴格的態度、最機車的做法進

行壓力測試。也就是去想像科技工具在流程應用端有什麼漏洞、錯誤的顧慮，然後試著再現它，看看是否真的會造成不好的結果，藉此補強我們的缺口。

第四步：檢討新流程，是否有簡化人工或時間

當我們已經檢討過新舊流程對於問題解決程度，以及資訊系統在現場的適用性。最後我們才來討論新流程能否精簡人工或處理時間。通常新資訊系統的導入，隨著科技技術的進步，對於表單整併、快速排程等應該是有充分理由能優化效率。

> **然而前面三個步驟就是要避免企業「削足適履」、「為改而改」的情況。**

當然以上這四個步驟是針對客戶企業的帶領方式，不見得一體適用。但至少在三個月高強度的陪伴後，這幾間公司的副總、協理都回饋我說，透過這些做法讓同仁們面對流程改善時有比較清楚的方向供其參考運用。希望這也能幫助到正在看書的你！

1-9

「顧問，我覺得供應商也要做精實！」
供應商管理的三個要點

． ． ． ． ． ． ． ． ． ． ． ． ． ． ．

2021 年一開始，我到台中地區知名的機械廠商拜訪。說到台中地區，就一定得提到從大肚山到豐原、太平、大里、南投工業區的「台灣精密機械黃金縱谷」。你很難看到如此高密度的產業群聚效應，就業人口超過三十萬人、年產值九千億新台幣，是全球單位面積產值第一、密度最高的精密機械部落。

而這天跟我一起開會的企業總經理更是箇中翹楚，同時他也在產業公會中擔任要職，近年來更是希望透過精實管理一同來做好產業升級。言談中我非常佩服他的願景藍圖與互利共生的心。正因為談到互利共生的話題，總經理問我：「顧問，我覺得供應商也要做精實。想請教您過去在產業輔導的經驗，有沒有哪些要注意的地方呢？」

我稍加思索，就想到過去十年內所接觸過三種供應商的合作方式，今天也試著還原會議過程，提供給想要在供應商端推動精實管理的企業領導人參考。

🔓 衡量對於供應商的議價能力

- ### 我大你小

　　如果說要談到合作，要嘛你給的資源多，再不然你的拳頭比人家大。雖然這麼說聽起來粗俗暴力，但論及供應商管理確實如此。例如 2012 年我在中華精實協會協助執行經濟部工業局專案時，當 X 陽工業「邀請」多家供應商一同推動精實管理，作為供應商肯定會審時度勢、權衡得失，初期你就會看到大家報名之踴躍。

　　然而比拳頭大這件事是帶點威脅性質的作法，你可能會遇到幾個後續情況。一是供應商對合作資訊設立防火牆，不願公開透明的分享製造方式、成本架構、物流、採購等作法，因為會擔心：「就是因為你大，我才選擇加入，如果我讓你知道我的報價跟內部作業方式，會不會今年改善完，明年議價時你們家採購就開始跟我壓價格？」

- ### 長長久久

　　另外一種議價能力是基於長期合作的信任基礎所得來。有個最有名的例子是 2020 年國慶煙火在基隆，可樂果推出了限量一萬包的特殊包裝，造成極大的話題熱潮。就生產製造過程最令人驚嘆的是聯華食品在 12 天內就從設計構想到包裝、出貨，其中除了自家生產排程的配合外，作為包材供應商的益森彩藝也是居功厥偉。

　　然而這樣的配合程度是根源於過去十多年來大小戰役無役不與的合作默契。而益森彩藝也是在聯華食品的引薦下，同樣導入精

實管理，讓公司在效率、成本、庫存、交期上更加強化，業績蒸
蒸日上。

所以當想要在供應商端推動精實管理時，要反思幾個重點：

- **哪些供應商是我們需要進行管理的？**
  - 關鍵零組件、單一供應商、長期默契都是考量重點。

- **為什麼供應商要跟我們合作？**
  - 營收佔比、利潤高低、長期默契都是優勢所在。

🔓 評估我方可提供的改善資源

當供應商點頭答應合作之前，自己也要思考清楚「我們能提供
些什麼？」這邊有幾個重點項目可以提供給大家參考。

- **品質優先**

對公司來說，交期、成本都還是後面可以談的事情。如果購入
的原材料、零組件有品質瑕疵會帶來很大的影響。**而且切記不要
是以上對下的態度，只想著用點檢、稽核的方式就可以拉高品質。
同時自己公司也應該要檢討自家的品質保證機制**，我常看到許多
廠商會抱怨客戶端對於品質要求曖昧不明，甚至不同人有不同要
求標準，造成廠商極大的困擾。

如果連自己公司都沒有一套完整且嚴謹的管理機制，又怎麼好
意思要求別人做到呢？

- 現地指導

依照供應商的產業、品質水準、製程能力不同，進行公司內部的指導人力篩選。最好的作法就是把自己公司內部進行改善的優秀人才拉出來，請他前往供應商現地指導，**透過供應商端的指導更是一種培育人才發現問題、解決問題的最佳修煉場所。**

方法上面通常會建議以「案例說明」為主，因為通常供應商端還不清楚改善的目的或好處，藉由案例說明會讓他們先眼睛為之一亮，看到效益再觸類旁通找到公司內部可以改善的類似環節。

當然因為台灣自行車業 A-Team 產業聯盟的成功，也會吸引許多公司想要自己做領頭羊，帶領著數家供應商一起相互學習進步。不過這時候要注意供應商間是否存在競爭關係或技術模仿的可能性，以及不同供應商間的程度差異。

如果你帶少棒選手去參觀成棒的練習，那應該會有見賢思齊的激勵、學習效果；但如果安排不慎，帶著大聯盟選手去學習青棒選手的作法，反而會適得其反，不可不慎啊！

協調事後效益的分配機制

如果改善無法產生效果，那麼頂多只是中斷該任務，我們與供應商的合作關係可能還不會因此生變。

但關係生變往往就來自於改善效益浮現後，作為客戶總會覺得：「明明我也有出一份力，為什麼你還賣我這麼貴？」，而供應商也會哭道：「改善活動這麼辛苦，我們也投入這麼多時間人力，你看到成果就馬上說要分一杯羹？」

> 就是因為對於利益分配的不平衡，
> 才會讓許多供應商對於客戶所提出的改善計畫
> 敬而遠之。

因此我們起心動念想要協助供應商一同推動精實管理時，其目的也是回過頭來庇蔭我們自己生產的成本、品質、交期。

「為什麼供應商要配合我們？」那就要讓供應商看得到甜頭才行。

• 改善效益的分配比例

過去曾經在豐田汽車供應商處聽過，TOYOTA 在指導供應商進

行改善活動時，非常鼓勵大家超越原先設定之目標，**而一開始就告訴大家每年度合理化範圍是 3%，那麼如果公司的改善能夠有 10%，你也不用擔心會被客戶超收改善效益。**

舉例來說如果你現在產品報價是 100 元，因為施行改善，而能夠報價 90 元且擁有相同利潤，那麼 TOYOTA 老大哥會說：「不用給我 90 元，算我 97 元就好，這是一開始就談好的男子漢承諾。」這樣的作法等同於遵守遊戲規則的訂定。

又或者你公司不只供貨給豐田汽車，同時也會供應給日產汽車、福特汽車、中華汽車等，廠內多半也是泛用線，因此透過改善活動所學習到的改善手法、管理技巧等也能夠在其他客戶產品上呈現，效益自然也是自己的。

台灣最美的風景是人，許多中心廠殺雞取卵、壓迫供應商的做法我也沒少聽過，或許這就是許多公司聽到要做改善，一開始就會築起防備警覺心高牆的原因

這樣採取「固定 % 數」的效益分配機制，
其實在台灣汽機車業已經行之有年，
也是目前我所觀察到最有效的供應商合作方式。

- 付款方式的分級

電子業 180 天票期、360 天票期到 HUB 倉（賣出才給錢）的作法，看似誇張但畢竟「殺頭的生意有人做，賠錢的生意沒人做」，你想玩「快收慢付」賺取現金流，供應商自然也會想辦法把成本給轉嫁出去。久而久之，這樣的惡性循環就很容易自食惡果。

我曾看過台灣某機車大廠的作法是針對供應商的供貨品質進行評鑑，並且區分成 A、B、C 三級。A 級廠商就開 30 天的票，B 級廠商則是 45 天的票期，C 級廠商則是 90 天的票期。透過這樣的制度並搭配中心廠到廠輔導、評鑑的機制，會讓大家願意在品質端下苦功改善。

> **正因為供應品質穩定，**
> **中心廠在組裝失敗成本的降低、客訴成本的降低，**
> **甚至市場評價的提升也相得益彰。**

- 訂單比例的分配

最後是訂單比例的分配，我在中部機械業也聽到這樣的做法。如果供應商願意配合推動精實管理的改善，那麼客戶能夠允諾明確的未來訂單量。

這對於過往需求大起大落、極度不穩定的機械產業來說，站在供應商立場是有相當程度的誘因存在。

供應商管理		具體內容與思考重點
前	議價能力	• 哪些廠商是我們需要管理的？ • 為什麼對方會願意配合？
中	改善資源與方式	• 先改品質，後求效率 • 案例取信，現場指導 • 廠商變強，我培養人才
後	利益分配機制	• 定期定額（例：每年要求 3% 合理化） • 付款方式（貨款票期） • 訂單比例

近年來我在汽機車業、機械業、工具五金、自行車、運動器材等產業都與企業領導討論或是實踐供應商管理的議題，這些想法不一定每樣都符合您的產業屬性、公司特色，但如果其中的原則概念、具體作法能夠給予你行動的動力，在台灣產業界促成精實管理的競爭力向上，那我就達成我的目的了！一起加油吧！

第二部

管理者如何實戰

現場問題改善

2-1

「不同單位如何溝通與管理產品品質？」
給你一張品質防護等級工具

・・・・・・・・・・・・・・・・・・・・・

　　我曾經在台灣某機械零件大廠開了超過五年的品質管理課程，作為基層主管的晉升訓練必修課，有超過 1500 位以上的同仁都曾在課堂中一同針對品質議題學習。

　　然而說到品質這個範圍廣泛卻又容易各執己見的議題，大家都會說：「專注完美，近乎苛求」、「XX 品質，堅若磐石」，但實際在工作上的真實心聲是：「又怎樣？品保單位現在是要對著幹是嗎？」或是「生一課都眼瞎沒在檢查，叫我們品管來擦屁股嗎？」。

　　不同功能單位自然有著不一樣的立場，站在自己的角度當然會覺得是對方的問題，然而很多時候我試著帶領跨部門進行溝通檢討時，**大家激烈爭辯過後才會發現原來彼此之間的「定義」、「想法」、「實際作為」都有出入。**

　　今天就想要跟大家來透過品質保證的評比方式，讓公司內部進行討論時能夠順利進行，它就叫做「品質防護等級」。

　　過去談論品質，往往受限於產業不同、客戶允收標準不同、產品不同等因素，無法有個明確清楚的評價方式。而且也會受限於

產品特性、產品重要程度及品質問題的難易度所影響，因此在日本豐田集團的子公司「愛信精機」就曾為此發展出一套能夠事前防止品質不良要因，與提高生產線水準的管理手法。

重點是透過評價方式我們能夠把產線的品質程度量化，甚至還能夠跟其他產線進行比較。
今天就把我在企業內訓戰場上跟學員們應用的工具交給大家。

例：品質防護等級實務應用

分類｜拆解｜輕重｜現有防護等級｜目標改善對策

工程	品質特性	要因	工程管理項目	品質重要度	現有作法	現有防護等級	目標防護等級	預計對策
包裝	封口不良	加熱時間不足	時間	5	設備可進行條件設定，換線時會依包裝樣式不同，請人員依照標準設定	C 級	—	—
		加熱塊溫度不足	溫度	5	設備可進行條件設定，換線時會依包裝樣式不同，請人員依照標準設定	C 級	B 級	裝設溫度感測器若溫度異常，會以燈號示警
		異物阻礙	表面潔淨度	5	無法確認	D 級	—	另外從材料破碎程度及充氮氣流大小著手
	日期打印不良	印字模糊	墨水量	4	每日開機前會請人員確認墨水水位	C 級	B 級	裝設感測裝置，低於安全水位時會以燈號示警
		日期未落在框內	輸送帶速度	2	由人員換線時依照經驗進行微調	D 級	C 級	依照不同產品，設定標準速度，人員依照標準執行
		日期錯誤	人員點檢	5	每日開機前會由人員進行點檢與調整	D 級	C 級	印字設備旁磁吸時鐘，請人員確實比對日期
	重量異常	分切不均	人員作業	3	前工序作業人員訓練時會依照標準作業書執行	D 級	—	—
		落料異常	感測器	3	設備內建重量感測器，彙整需求重量後才會開啟料斗	B 級	—	

註：目標防護等級，請考慮成本預算、可行性、所需時間及執行者而訂

96

🔓 分類：品質特性與要因

品質特性這個欄位很容易被誤解成顧客端要求的特性，例如規格長度、分貝數、顏色等，這些當然很重要，也是客戶驗收的重點。

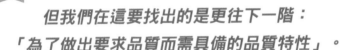

**但我們在這要找出的是更往下一階：
「為了做出要求品質而需具備的品質特性」。**

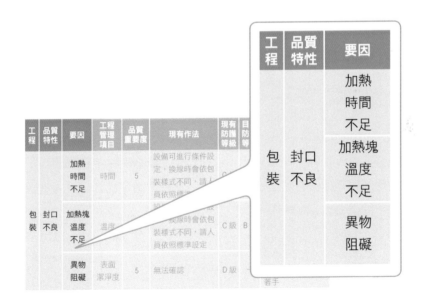

工程	品質特性	要因	工程管理項目	品質重要度	現有作法	現有防護等級	目防等
包裝	封口不良	加熱時間不足	時間	5	設備可進行條件設定，換線時會依包裝樣式不同，請人員依照標準…	C級	
		加熱塊溫度不足	溫度		換線時會依包裝樣式不同，請人員依照標準設定	C級	B
		異物阻礙	表面潔淨度	5	無法確認	D級	

工程	品質特性	要因
包裝	封口不良	加熱時間不足
		加熱塊溫度不足
		異物阻礙

舉例來說，客戶要求組裝後間隙要小於 0.02mm，但為了要做出這樣的水準，製程中我們要把原本的銳角給倒圓角。倒圓角並非客戶要求，但如果沒有做，就無法達到客戶要求的水準。在這個欄位要請大家毫無遺漏地找出所有「品質特性」，並知道是在哪道工序發生。

接下來我們要共同檢討在該品質特性下會造成不良品的要因，透過特性要因圖（魚骨圖）的方式，應該可以列出非常多的可能要因。

你問我要是要因太多怎麼辦？沒關係，就是需要你全部列下來。因為我們需要透過這些要因來思考如何管理、如何事前防止，甚至將其改善掉。簡單來說，這個部分就像是網路手遊的開局十連抽，如果你沒有辦法在這邊努力，那麼後面可能就需要大量課金（投資）才能夠做好品質。

拆解：工程管理項目

在工程管理項目，我們就要開始把前面所提到的要因進行拆解，例如造成封口不良的一階要因（第一層原因）是溫度不足。那麼

二階要因（針對第一層原因再往下細究）可能是加熱塊磨損、髒污、感應器失靈、電線短路等。

> 如果能夠事先防止一階要因，
> 例如我們能夠檢測溫度不足並且即時警示，
> 那麼我們只需要考慮溫度值的管理系統就好。
> 但如果無法做到的話，
> 那就要針對二階要因進行防範。

工程	品質特性	要因	工程管理項目	品質重要度	現有作法	現有防護等級	目標防護等級	預
包裝	封口不良	加熱時間不足	時間	5	設備可進行條件設定，換線時會依包裝樣式不同，請人員依照標準設定	C級	—	
		加熱塊溫度不足	溫度	5	設備可進行條件設定，換線時會依包裝樣式不同，請人員依照標準設定	B級		若溫度燈號示
		異物阻礙	表面潔淨度	5	無法確認	D級	—	另外從度及充著手

工程管理項目
時間
溫度
表面潔淨度

這邊說個實際執行面的困難，在於「不以為然」跟「不耐煩」，因為參與討論的成員們有一定的年資、經驗、知識技能等，往往容易迅速歸因。「盡以為然」是不錯過每個環節的細節，這才有可能縝密盤點品質不良的問題所在。「耐煩」是因為大多數的討論會在這個環節中喪失耐性，只想快點找到重點而草率行事。

因此就像是腦力激盪會議一樣，會議主持人需要提醒大家不論對錯、不管位階提出想法觀點。另外也需要適度限縮討論時間，不強求一次會議就要找出所有問題（你各位現場做了這麼多年都在錯了，怎麼會有一次會議就能一勞永逸的幻覺？），例如每回討論一小時，分成三至六次討論在一週內產出，會是比較建議的實際作法。

🔓 輕重：品質重要度

雖然都說品質不應有大小眼要一視同仁，但如果一個是烤漆面的色差問題，跟視覺爽度相關，另外一個則是汽車煞車作動問題，跟人命相關，我想還是會有管理上的輕重緩急。

> **對於品質重要度，各家企業應該依照需求訂出自己的標準。**

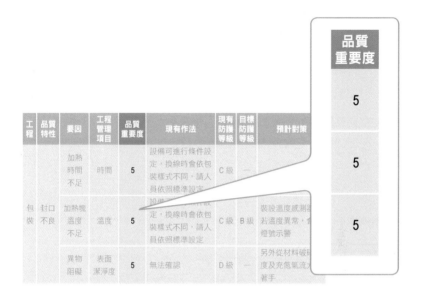

工程	品質特性	要因	工程管理項目	品質重要度	現有作法	現有防護等級	目標防護等級	預計對策
包裝	封口不良	加熱時間不足	時間	5	設備可進行條件設定，換線時會依包裝樣式不同，請人員依照標準設定	C級	—	
		加熱塊溫度不足	溫度	5	設備可進行條件設定，換線時會依包裝樣式不同，請人員依照標準設定	C級	B級	裝設溫度感測器若溫度異常，會燈號示警
		異物阻礙	表面潔淨度	5	無法確認	D級	—	另外從材料破碎度及充氣氧流大著手

這邊提供範例給大家參考：

品質重要度	定義
5 級	如果該品質特性發生不良，會造成人命安危相關的重大缺失
4 級	如果該品質特性發生不良，會造成產品機能無法發揮的缺失
3 級	如果該品質特性發生不良，雖然不會造成產品機能上的缺失，但會對使用者與周遭帶來極度不愉快。例如異音、震動、操作困難等
2 級	雖然沒有特別的產品缺失，但如果該品質特性有問題會造成客戶端（或者後工序）組裝作業不易進行
1 級	讓客戶端幾乎感覺不到的小缺點

品質重要度的意義有二：

- **一是讓大家能夠取得共識，瞭解哪個品質特性是我們跟客戶都重視的。**
- **再者就是當公司面對該品質特性的不良想要進行改善時，不管是時間人力的投入或是設備投資等，就會有個依循基礎。**

例如我們可能就不會耗資千萬針對一個品質重要度 1 級的品質特性做改善，但對於品質重要度 5 級的項目，耗資千萬會覺得十分划算。

🔓 品質防護等級

接下來就進入重頭戲：「品質防護等級」。

現有作法	現有防護等級
設備可進行條件設定，換線時會依包裝樣式不同，請人員依照標準設定	C 級
設備可進行條件設定，換線時會依包裝樣式不同，請人員依照標準設定	C 級
無法確認	D 級

品質重要度	現有作法	現有防護等級	目標防護等級	預計對策
5	設備可進行條件設定，換線時會依包裝樣式不同，請人依照標準設定	C 級	—	—
5	設備可進行條件設定，換線時會依包裝樣式不同，請人員依照標準設定	C 級	B 級	裝設溫度感測器，若溫度異常，會以燈號示警
5	無法確認	D 級	—	另外從材料破碎程度及充氮氣流大小著手

　　過去公司在評鑑各產線、各工法的品質水準時，受限於作業方式、機台設備等差異因素，難以建立一個明確的標準，然而日本愛信精機在 1980 年代時為了發展 LEXUS 車型，特別設計這一套管理方式來評價品質。藉由四種等級程度上的明確差異，讓管理人員們能夠有效且快速地對於各自負責的區域進行評價。也因為不是以分數而是以等級作為區分方式，更能夠讓同時期的不同廠區、不同產線，甚至是相同產線的前後比較有了意義。

　　透過品質防護等級，我們是用來確保針對品質特性的管理是否到位？從 A 級到 D 級，其所需要投注的資源、技術也不盡相同，建議品質防護等級能夠跟品質重要度搭配服用，方能得到最佳效果。那就先讓我來解釋品質防護等級的定義：

品質防護等級	定義內容
A 級	在軟體、硬體面都有完善的不良防止對策，讓你連犯錯都很難
B 級	在硬體面有不良防止對策，能防範一般問題，但難以應付突發狀況
C 級	在軟體面有不良防止對策，例如燈號、警語、作業守則等，但無法防止不小心
D 級	不管軟硬體面都沒有不良防止對策

我們就用鐵路平交道的規劃來舉例說明，要知道鐵路平交道的設置是兩種交通系統（一般道路與鐵道）的交錯，如何避免車流、人流與火車可能的相撞事故危害，就成為交通單位在規劃初期要做好品質保證的功課，是不是跟我們公司產品設計開發、製造流程的重點都一樣呢？

- ### D級對策：什麼都沒有

如果政府今天一聲不吭，既沒有事前的宣導或是開里民大會佈達，一夜之間就把鐵軌橫互穿越鬧區馬路，可能隔天早上開始就會大小事故不斷。公司、產線也是一樣，很少看到某個品質特性在管理上沒有任何措施因應。

- ### C級對策：苦口婆心提醒你

你可能看過一些鄉間地方的台糖小火車，在平交道區域有槽化線標示、有在路旁設立停看聽的看板，或是加上閃爍燈號作為警示，但就僅此而已。這些作法的前提都是駕駛人、用路人有「注意小心」，奈何人都會有疏忽的時候，所以只有軟體面的對策是無法100%完美避險。

可是這樣就一定不好嗎？**其實對於一些無法有太多經費支援或是交通流量低的地區，這樣的做法已經很合用了。**

有些公司對於品質還真的只有軟體思維，發生問題的對策就是在廠內張貼品質標語，像是：「品質做不好、要飯要到老」、「品質是回家唯一的路」。拜託～那是意識宣傳用的標語，而不是符咒好嗎？如果真要這麼做，那還不如綠色乖乖買一整箱回來到處放就好。

● **B 級對策：硬體思維的防護避錯**

再往更高級別走，如果要避免鐵路平交道事故，更有效的方式就是軟硬體的結合。例如不單純用警語、閃燈來提醒駕駛與用路人的注意力，更在硬體面下功夫。除了燈號標誌、蜂鳴笛聲外，讓柵欄直接降下以防止火車通行時會有其他車輛或行人經過。

對此，在日常管理上我們就需要對於燈號、警笛、柵欄做好日常點檢保養的工作。但就算做好這些，還是無法防範刻意攻擊的出現，例如有不良少年蓄意破壞柵欄、固執阿伯拉開柵欄強行通過、三寶駕駛覺得來得及而衝過去等脫序行為。

在製造現場，B 級對策是很常見的品質保證手法。例如防止漏裝，我們可以用電眼確認位置；避免尺寸有誤，我們會合檢具確認。如果要讓產線品質有所保證，B 級對策我想是最基本的要求。

● **A 級對策：軟硬兼施，讓你連犯錯都沒辦法**

那到底什麼是 A 級對策呢？

大家有沒有注意到這幾年鬧得沸沸揚揚的鐵路高架化或地下化工事。其實透過立體交叉的方式，就讓平交道事故發生的可能性趨近為零。但不可諱言的，其所牽涉範圍廣、所需投資金額大，才會衍生較多的紛爭。但如果鐵路都高架化或地下化，對於駕駛或用路人來說，**我們就做到了：「讓你連犯錯的機會都沒有」的境界。**

課程中還是有學員曾經舉手問過：「老師，A 級對策就能夠100%防止不良嗎？」我說就算是鐵路高架化，如果你遇到電影《玩

命關頭》系列中的高手還是有可能撞到，但我們已經能說趨近於零。

製造端的作法有沒有實際案例呢？例如沖壓線第一工程是沖孔，第二工程是成形，過往有漏沖孔而直接成形的不良案例。這時候：C 級對策叫作業員要檢查、B 級對策可能加裝電眼。

那 A 級對策要怎麼做呢？例如我們可以在第二工程：成形工程的模具設計凸柱，其位置剛好就是第一工程需要沖孔的地方。這樣一來，如果第一工程並未被作業者沖孔的話，鈑金片料怎樣都無法放入第二工程的模具上。

> **這就是 A 級對策所要的精神：**
> **「讓你連犯錯都沒有辦法」。**

一般而言，要做到 A 級對策通常在技術端有一定難度，所以生產技術單位必須要在產品開發、產線規劃初期就要加以檢討，否則事後彌補、改善的成本會比較高。

🔓 現況值、目標值與評價

接下來當我們瞭解產線每道工程的品質特性、品質要因、重要度與防護等級後，首要任務就是確認各工程、品質特點目前是屬於哪一個級別。然後再決定在既定時間內要提升到哪一級的「目標值」，目標跟現況相比較，我們就能夠依照差異制定相對應的改善計畫。

目標防護等級	預計對策
—	—
B 級	裝設溫度感測器，若溫度異常，會以燈號示警
—	另外從材料破碎程度及充氮氣流大小著手

品質重要度	現有作法	現有防護等級	目標防護等級	預計對策
5	設備可進行條件設定，換線時會依包裝樣式不同，請人員依照標準設定	C 級	—	—
5	設備可進行條件設定，換線時會依包裝樣式不同，請人員依照標準設定	C 級	B 級	裝設溫度感測器，若溫度異常，會以燈號示警
5	無法確認	D 級	B 級	另外從材料破碎程度及充氮氣流大小著手

例如 2021 年上半年我們要花六個月的時間把沖壓工程從 C 級提升到 A 級，或是組裝工程從 D 級改進至 B 級。

最後如同我們在文章一開始說到的，當我們現在能夠將品質程度給量化，就足以跟其他產線進行比較。你問我說怎麼比較？答案是依照各家企業的標準而定，在這邊舉例說明：

產線品質評價	定義標準
優等	品質防護等級 A 級與 B 級的佔比為全體的 80% 以上，且沒有 D 級對策
甲等	品質防護等級 A 級與 B 級的佔比為全體的 60-80% 以上，且沒有 D 級對策
乙等	品質防護等級 A 級與 B 級的佔比為全體的 50-60% 以上，且沒有 D 級對策
丙等	品質防護等級有 D 級對策，且 A 級與 B 級對策佔比在 50% 以下

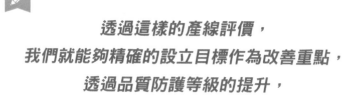

**透過這樣的產線評價，
我們就能夠精確的設立目標作為改善重點，
透過品質防護等級的提升，
也能夠提高作業現場每個人的品質意識。**

　　而且這樣的品質相關工具不僅止於現有產線的評價，甚至可以依此作為基準來佈建新產線。希望能夠替貴公司的品質水準盡一份心力，因為品質是公司的門面，有門面就能在競爭中被看見。加油！

2-2

「還談最大產能？換線時間才是關鍵」
少量多樣的提升效率解藥

　　約莫是在 2020 年下半年，我到一家農產品公司進行輔導，他們過去幾年內成長飛快，目前年產值超過四十億甚至是已成功打入外銷市場，將台灣優質農產品賣到亞洲其他各國。當我們檢視內部生產製程，我試著將標準作業、七大浪費、小批量生產等觀念帶進來，不過我本來擔心公司生產品項比較單一，相較於台灣汽車、食品、手工具等產業的產品多樣性，大家可能對於「少量多樣」會比較無感。

　　然而當我提出：「不要再談設備最大產能，換線時間才是關鍵」，讓我驚訝的是公司總經理反而從不同切入點來告訴我，**其實不論哪種產業都需要靈活性去應對現有的競爭態勢。**

　　我們先來看看總經理是怎麼跟我說的：「老師，我們其實是被客戶端逼著走。因為隨著客戶的展店計畫，從最開始的 400 家店到 1000 家店，甚至接下來 1500 家、3000 家店，客戶端也面臨到市場脈動變動激烈、店家持有庫存壓力大、產品異常損失成本高的三大壓力，因此客戶端就開始向供應商要求供貨條件的改變。」其具體要求如下：

階段別	每箱重量	每週出貨頻率
一	15 公斤	兩回／週
二	10 公斤	三回／週
三	6 公斤	三回／週
四	6 公斤	六回／週

　　對於公司來說，交貨頻率增加與每箱重量減少，在實務上代表的意義就是作業量的增加。雖然這樣的說法比較阿Q，不過既然你無法抗拒它，那麼你就想辦法接受並享受它。因此接下來我們實打實來談換線時間究竟怎麼縮短？

🔓 換線時間五步驟

　　針對換線時間，我們要先談三種時間相關的性質，分別是內段取、外段取及調整時間。我們必須將現有換線時間拆解成這三部分，才容易推展後續的改善。

- **內段取：**

　　指在設備、產線必須要停下來才能做的事情。例如拆模具就屬內段取，你總不會跟我說你在沖床持續作動時，有辦法把模具給拆下來吧？哥，你的手指頭很珍貴。

- **外段取：**

  指有些工作能夠在設備、產線運作過程中，就能夠透過事前準備或事後收尾給做好的。例如下回待生產模具你可以先行準備到產線邊，不需要設備停下來後才跑過去拿。

- **調整時間：**

  本質上它也屬於內段取，也是設備、產線停下來時才能做的事，但特指某些需要依靠人員經驗、直覺、手感等非量化動作。例如模具位置的微調。

內取段	外取段	調整
獸醫：鱷魚麻醉不動了我才能幫它裝假牙	獸醫：打麻藥前我可以先準備好假牙和需要的工具	獸醫：假牙不是裝上去就好，我還要在牠醒來前調整好
➡設備停止時才能做的事情	➡設備停止前或再度運轉後能夠做的事情	➡設備停止時，人需依靠經驗手感、直覺的微調作業

- **步驟一：區分內段取、外段取與調整時間**

　　透過時間觀測，我們把一段長時間的換線作業拆解成動作元素，然後逐項去確認依照定義來說這項動作是內段取、外段取還是調整時間。這時候要注意的事情是外段取（事前準備、事後收尾）不要忘了考量進來，因為通常我們只會關注產線設備停下來的時刻。

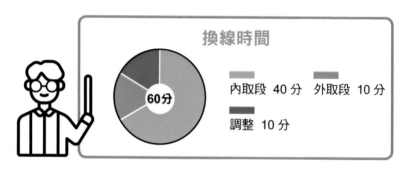

區分內段取，外段取與調整時間

- 記得要拆解動作元素來進行分類
- 外取段（事前準備、事後收尾）容易被忽略

- 步驟二：內段取轉外段取

> **接下來我們要檢視**
> **現有設備、產線停下來的時間裡，**
> **有哪些工作是能夠轉化成外段取，**
> **也就是可以事前準備或是事後收尾的？**

例如有些射出成型工廠的模具，與其裝在設備裡才開始加熱到需求溫度，我們可以考量事前在線邊進行預熱；或是科技業的檢測機台，讓樣本能夠事前製備；或是拆解下來的模具不見得要馬上送回模具庫位，先讓生產開始後再由其他人送回也是種方式。這邊我們提供給大家兩個關鍵想法：

- 預先準備不見得要完全做完，例如模溫需要 300 度，你可以在線外加溫到 250 度。
- 不一定要同一個人來做，例如事先準備可以請班組長協助，事後收尾亦然。

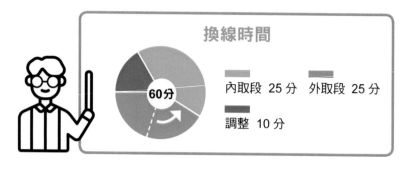

換線時間

60分

內取段 25 分　外取段 25 分

調整 10 分

內段取轉外段取

- 檢視哪些內取段作業可事前準備或事後收尾
- 可能需要增派人手，但是目的是縮減停線時間

- **步驟三：縮減內段取時間**

前一個步驟「內段取轉外段取」某種程度來說是個取巧做法，根據物質不滅定律，時間沒有變不見，只是換個人、換個時間點來做而已。

> 但我們還是很在意那些留下來的
> 設備、產線停止時間，
> 因為它就意味著產能上的損失，
> 所以縮減內段取時間就成了這個步驟的重點。

這個階段就考驗各企業改善的能力，在這邊我就舉幾個實際案例給大家參考：

- 透過作業平台高度一致，例如模具在設備上的高度跟在台車上的高度相同。
- 模治具的定位不用螺絲，因為螺絲每鎖一牙，意味著你拆卸時就要多拆一牙。
- 模治具的定位可改以定位塊、插銷、快速夾頭等替代。
- 盡量避免使用天車、堆高機等共用工具，因為會有強碰、等待的情況。

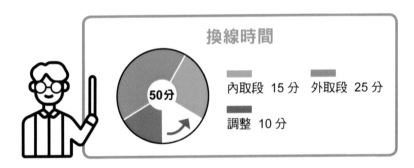

換線時間

50分

內取段 15 分　外取段 25 分
調整 10 分

縮減內段取時間

- 動作優化、工具改變成為重點
- 共用平台、高度一致、減少螺絲定位，天車推高機使用
- 一人作業可改為兩人作業

- **步驟四：縮減調整時間**

調整時間一樣是設備、產線停止的損失，對許多傳產製造現場來說，調整時間甚至佔整體停線時間的 30% 到 50%。

> **根本來說，調整時間的存在代表著標準作業的不足。**

　　透過量化數據的收集、目視管理的操作，減少這種經驗、手感、直覺的時間偏差。例如模治具、物料的定位精度不依靠微調，而是定位標記或顏色區隔；溫度、壓力值的控管可改用紅綠燈取代指針數值等。

　　然而這邊想要提醒各位推動改善的讀者們，如何把內隱的技術知識從熟練者腦中勾勒描繪清楚，需要的從來不是權威、制式要求，而是將心比心的溝通、實際獎勵、榮譽感。這邊我們無法花太多篇幅詳述，但這絕對是縮減調整時間的關鍵，所以特別提醒。

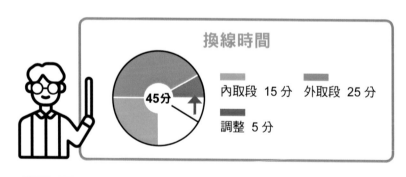

換線時間

45分

內取段 15 分　外取段 25 分

調整 5 分

縮減調整時間	・透過量化數據、目視管理，取代經驗、手感、直覺 ・改善過程特別注意老師傅感受，多溝通

- **步驟五：縮減外段取時間**

換線時間改善至此，對於設備、產線的停止時間已經降低不少，最後我們還是必須要回頭來看看在第二步驟「內段取轉外段取」：用其他人、其他時間點事前準備或事後收尾所吸收的停止損失。

這時候我們會從三個切入點來持續進行優化：

- **從人員的角度：事前準備或事後收尾的工作分配是否合宜？人員工作量的整併。**
- **從工作的角度：事前準備、事後收尾工作有沒有優化可能？動作刪除、合併、重組、簡化。**
- **從區域的角度：這些事前準備或事後收尾工作能不能夠往前或往後延伸到前後製程一併考量。**

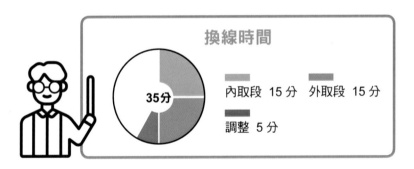

| 換線時間 |
| 35分 |
| 內取段 15 分　外取段 15 分 |
| 調整 5 分 |

縮減外段取時間

- 實質停線時間縮短，可能是大量事前準備、事後收尾而來
- 外段取作業也要考量工作重組整併、簡化的程序

🔓 快速換線的經驗

　　這邊我提供以時間軸為基準的換線作業調查表單給各位使用，透過這張表單能夠先協助做好換線時間五步驟的第一步：「區分內段取、外段取與調整時間」，接下來就能夠依此表單循序漸進做改善。（請參考 3-5 標準作業組合表的應用）

　　最後，我想給大家幾項我自己輔導企業的經驗法則，希望讓各位大幅縮短換線時間，藉此提高企業因應變化的靈活性：

1. **重視事前準備工作（停線損失為優先）**

2. **人員動手不動腳（減少移動造成的時間損失）**

3. **內段取的單人作業能否改為兩人（停線損失為優先）**

4. **相同基準的重要性（模具、治具、條件值等）**

2. **將調整作業視為最大浪費（時間、訓練成本、技術綁架）**

2-3

「為什麼只能被老鳥綁架？」
教你破解熟練度陷阱

. . . .

八月底，中台灣的艷陽讓身處鐵皮工廠裡的我們汗如雨下。又是一間台灣的隱形冠軍，過去台灣廠商在不銹鋼產品領域競爭激烈，特別是家庭用品的價格戰更是殺聲震天。然而 L 家卻選擇一條較少人走的路，透過品質的要求，逐步打入高價產品端。因此就算產品規格多、數量少，但仍舊能夠靠著高毛利率在市場闖出一條路。而在二代接班後，更是將公司過去在傳產累積許久的技術能力、品質水準跨界攻進高科技業，成為多家科技大廠副資材的獨家供應商。

這天我受到 L 家總經理的邀請到公司進行診斷，其中我對於焊接與組裝兩個工站特別好奇。我想你一定有過這樣的經驗，在學校時如果訓導主任在走廊巡堂，大家可能會安份點；在辦公室裡主管經過你的電腦旁，文件報表一定要開起來，絕對不能是購物網站或 FB。然而我在 L 家製造現場卻是看到師傅們好整以暇（原諒我只找得到這個詞比較合適），彷彿總經理跟我不存在似的。先說，我不是說看到顧問或高階主管一定要怎麼樣，只是那個慢動作給我的感覺已經像是迪士尼電影《動物方城市》裡面的樹懶一樣。

119

我忍不住開口問了總經理：「不同師傅間如果組裝相同產品，工時差異有多大呢？」總經理先是苦笑一下，張口還先嘆了口氣回應：「蠻大的，不過我們也很難管理，畢竟每個師傅對於焊接組裝的工法不大一樣，而且他們是一個人從頭組裝到尾。如果真要說的話，可能老鳥跟新人在組裝同樣產品，結果老鳥兩天半的時間搞定，新人卻要花費四天的時間才行。」

總經理很厲害，回答時也順便把我下個問題也解答了。但我也感受到他的無奈，畢竟做為成長快速的企業，人員需求孔急，許多時候也只能睜隻眼閉隻眼。

現場巡視後的總結會議，我第一件事就是談到人員作業效率無法被管理這件事，製造部王經理馬上舉手詢問：「**可是我們每次想做點什麼，現場就說這個工作很難，沒有這麼好教，菜鳥沒有兩三年功夫是出不了師。其實我們真的也很苦惱，老師你說我們可以怎麼做？**」我看著王經理，心中想著要嘛他這是在給我考驗，想惦惦這個顧問的斤兩，要不他真的很苦惱於這個問題。看著他緊皺著的眉心，我選擇相信後者。

好吧！那就讓我們來談談熟練度陷阱吧。這是我過去十年來看到許多傳統製造業的管理者被現場技術人力綁架，一同研究並做出的實戰表格。

作業熟練度拆解表

作業順序	❶ 動作要素	❷ 秒速紀錄 熟練者	新人	❸ 差異原因 工具	手法	物料位置	順序	其他	問題說明	❹ 預計對策
1	左手拿底座放入治具中	2	3			◎			熟練者會把裝底座的台車放在左側，而生手則放在自己左後方	將作業區域劃線定位，規定底座台車的擺放位置
2	右手取零件裝配在底座上方	1	1							
3	拿取上方的氣動工具鎖付四顆螺絲	6	7				◎		熟練者鎖付順序是左上、右下、右上、左下的對角線。生手則沒有固定順序	制定標準作業，督促作業者依序組裝
4	將產品從治具裡拿起來	1	2		◎				熟練者會以兩手水平抬起，生手則常以單手翹單邊，使拿取困難	制定標準作業，督促作業者依此行事
5	產品轉一圈做外觀檢查	3	5		◎				經詢問發現，熟練者只針對烤漆面做確認，而生手則是全面確認	重新告知現場品質重點與範圍
6	抽包裝袋並撐開	2	3	◎	◎				熟手會準備濕布每回抽取前會沾濕手指以利開袋作業	準備類似銀行行員點鈔用海綿盒並固定位置讓人員使用
7	將產品裝入袋中	1	2							
8	把產品裝入紙箱中	2	2							

產線名稱：
_____

單回作業	
18	25

受測者：
熟手_____
生手_____

觀測者：_____

觀測日期：___年___月___日

121

🔓 ① 動作拆解

第一步我們需要將希望改善或解決的工序作業，一動一動拆解。然而這個程序卻也是企業面臨熟練度陷阱時最常放棄的步驟，因為往往抗拒改善的現場作業者會說：「這就這樣做啊！」用含糊不明的說法來代表整體動作組合。

例如「組裝」這兩個字看似簡單，但其實可能包括作業者步行、拿取物料零件、拿取工具、以工具將零件固定等等，**所以將整體動作組合拆解成一個個元素就成為最重要的功課。**

切記，如果這時候無法堅定，就很容易放棄！

- **動作組合：意指一項工作的完成，例如組裝、檢查、焊接等。**
- **動作要素：形容簡單而直接的動作，一個動作帶來單一效果或無效果。**

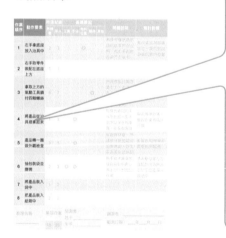

作業順序	動作要素
1	左手拿底座放入治具中
2	右手取零件裝配在底座上方
3	拿取上方的氣動工具鎖付四顆螺絲
4	將產品從治具裡拿起來
5	產品轉一圈做外觀檢查
6	抽包裝袋並撐開
7	將產品裝入袋中
8	把產品裝入紙箱中

🔓 ② 時間觀測

接下來第二步就是透過時間觀測紀錄每個動作要素，要破解熟練度陷阱的具體做法就是相同工作分別交給老鳥與菜鳥並進行觀測。我們往往能夠從結果論瞭解菜鳥跟老鳥在效率上會有極大差異，例如相同工作老鳥做 65 秒，但菜鳥做卻要花費 90 秒，這近 40% 的差異究竟來自哪裡呢？

通常我們只能鴕鳥地以為就是熟練度，但魔鬼就在細節裡！

就是因為有在第一步驟進行動作拆解，
所以在填寫本份表單時，
每個動作元素都必須要有秒數的紀錄。

當紀錄完新人、老鳥的時間後，我們在相同動作要素的基礎下逐項分析，找出關鍵的落差究竟在哪。例如物料的拿取，其實老鳥跟新人往往差異不大，可能不到兩秒。然而卻有可能在零件固定鎖付環節會有超過十秒以上的差異。就是這個大幅度的時間落差，才是企業在管理面需要腳踏實地面對的重點。

秒速紀錄	
熟練者	新人
2	3
1	1
6	7
1	2
3	5
2	3
1	2
2	2

時間大幅度落差的後續改善效益：

- **減少技術綁架的風險**：如果老鳥請假、辭職、異動對現場的損失

- **提高整體生產效率**：新人加快學習曲線的幅度

- **往後現場培訓的重點項目**：瞭解關鍵技能，職前訓練時就可強化

🔓 ③ 作法差異

當我們已經能夠知道哪些動作要素會存在秒數落差，接下來第三步就是比較老鳥與新人間的具體作法差異。依照過往的工作與顧問案經驗，通常人員作業秒數落差會在以下這四件事：

- **使用工具：**

  有些熟練技術者往往會有自己稱手的工具，不一定與公司配發的相同。我就曾看過中部金屬加工廠商的老鳥，會用自製鈑手頂升撬起模具，這還比其他人快很多。

- **作業手法：**

  例如在分切雞肉的時候，有些老鳥會左手虛握待分切部位的前端，但新人往往握在待分切部位跟砧板交界處，這就會影響動作、物料的穩定度，進而讓作業效率有所損失。**像是這樣的作法手法差異，需要靠改善團隊的現場觀察才能夠發現。**

- **動作順序：**

  電子業組裝線最終進行裝箱作業時，我們也曾發現紙箱開啟、膠帶黏貼的順序會讓作業人員形成效率的差異。**因此相同動作要素，如果用不同順序組合，也可能有時間差異。**

- **物料位置：**

  最後是大家很容易忽略的一點，就算是相同的使用工具、作業手法跟動作順序，**往往會因為不同人員作業時所認定的「稱手」位置而有所落差。**例如有些汽車零件裝配員習慣把螺絲一把抓起放在工作桌前，但改善時都會將物料盒置於作業台前方並傾斜擺放，這會讓作業人員更好取拿。

差異原因					問題說明
工具	手法	物料位置	順序	其他	
		◎			熟練者會把裝底座的台車放在左側，而生手則放在自己左後方
			◎		熟練者鎖付順序是左上、右下，右上、左下的對角線。生手則沒有固定順序
	◎				熟練者會以兩手水平抬起，生手則常以單手翹單邊，使拿取困難
	◎				經詢問發現，熟練者只針對烤漆面做確認，而生手則是全面確認
◎	◎				熟手會準備濕布 每回抽取前會沾濕手指以利開袋作業

🔓 ④ 預計對策

當我們瞭解時間落差造成的原因，最終步驟就是讓改善團隊提出對策，最終成效好壞就看時間觀測而定。通常會建議這些改善對策需要在現場試行一星期，並且針對新人進行訓練，最後再請老鳥跟新人重新進行時間觀測並再次比對。

　　不過也請大家注意熟練度終究會有差異，無法追求完美百分之百的一致性，畢竟人並非機器，還是會有身體狀況、精神心情等差異。

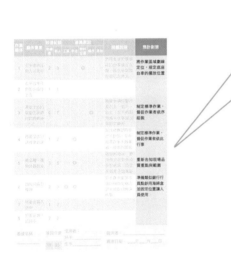

預計對策

將作業區域劃線定位，規定底座台車的擺放位置

制定標準作業，督促作業者依序組裝

制定標準作業，督促作業者依此行事

重新告知現場品質重點與範圍

準備類似銀行行員點鈔用海綿盒，並固定位置讓人員使用

🔒 案例解析

　　其實熟練度最容易顯現在純手工作業上，例如燒焊、組裝、肉品分切等作業上。我們無法在每天、每個人、每次作業循環上都能夠即時監控，因此我的客戶廠商會發展出一套分級制度。例如嘉義某肉品廠商的分切作業，人員就分成 S 級、A 級、B 級、C 級、D 級的級別管理。所謂 S 級可能是每小時能夠分切 110 盒，A 級

就是每小時分切 100 盒的水準 ... 依此類推。透過人員分級制度，能夠讓管理者瞭解目前產線的實力為何，例如透過下表我們能夠得知在估計日產能時應該要以平均每人一小時 90 盒作為基準，如此一來才不會有因為幾位極端值而造成錯估的可能。

級數	人均產能 / H	秒 / 盒	現有人數
S	110	32"	5 人
A	100	36"	3 人
B	90	40"	15 人
C	80	45"	1 人

當我們能夠掌握人員作業上的級距差異後，接下來就是制定改善、學習計畫的時候。例如現有水準如上表，那麼管理者的責任就是半年後能不能有 6 位 A 級、12 位 B 級、6 位 C 級而沒有 D 級。這麼一來除了能夠讓每個人都有目標可以精進，同時對公司管理上對該產線的預估基礎就從平均 C 級提升到平均 B 級，也就是整體產能從每小時每人 90 盒，提升到每小時每人 100 盒，約 10% 的產能提升。

至於改善方式呢？就是參考本文的作業熟練度分析表，以作業秒數進行拆解，是作業方式、作業順序、物料位置、使用工具或是其他因素所造成的影響？提出對策改善它。同時公司也可以考慮適時給予獎勵，讓同仁們更有動力。以上這些作法提供給大家做實戰參考。

2-4

「針對人員作業時間除了熟練度外，還有什麼可以改善的？」談人員動作優化

對於這家推動精實管理已有七年時間的台灣大型食品廠來說，什麼平準化、小批量生產、備料員、快速換線等作法都已經取得十分顯著的成效，特別是在生產線的效率優化上，幾乎在每一條生產線都取得 30% 以上的效率提升效果。

主要是因為過往他們依照工作項目來進行人員配置，因此光是前三年我們在不同產線間透過平準化的方式，以秒數來作為作業派分的基礎，讓公司上下都十分有感。

然後公司管理階層也意識到人員流動率高可能會造成產能不穩定的結果，因此除了給予更好的薪資福利措施以留住優秀人才以外，同時也在廠內建置教育訓練道場，開始有系統性地培育人才。

其實以一家歷史悠久的企業來說，能夠做出這樣的改變實屬不易。但更讓我驚訝與佩服的是，當公司管理階層還在努力動手改善時，經營層已經在追尋接下來的改善方向。「顧問，我們接下來還能夠做些什麼？」當公司副總提出時，**我知道他們已經將改善的意識給紮根，我一邊感到欣慰一面回答：「讓我們回到原點，從人員的動作優化做起」。**

多人作業改善第一步：平準化（工作量的重分配）

總工作量不變
個人工作量重分配

37%up

工作總量：100 秒

25" 17" 34" 24"

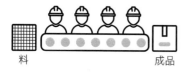

料　　　　　成品

$$時產能 = \frac{3600"}{34"} = 105 \text{ 個／H}$$

工作總量：100 秒

25" 25" 25" 25"

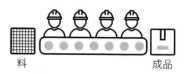

料　　　　　成品

$$時產能 = \frac{3600"}{25"} = 144 \text{ 個／H}$$

多人作業改善第二步：動作優化（工作量實質降低）

總工作量下修
再進行個人工作重分配

較 STEP 1
的改善再 13%up

工作總量：100 秒 → 88 秒

可減 可減 快 合併
4" 3" 2" 3"

料　　　　　成品

工作總量：88 秒

22" 22" 22" 22"

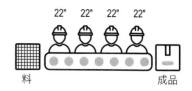

料　　　　　成品

$$時產能 = \frac{3600"}{22"} = 163 \text{ 個／H}$$

🔓 工作重分配會遇到撞牆期

也許細心且用功的你會發現，不論是平準化、備料員、小批量生產抑或是快速換線等，其實都是種工作上的「重分配」，像是平準化其實並沒有改變工作內容，可能原本 A 員 22 秒的工作跟 B 員 18 秒的工作，重新分配成兩個人都各 20 秒的工作而已。備料員也是把原本產線作業員的工作分工給予專任化。

關鍵在於要完成一件事情的「整體花費工時」
沒有任何改變，
我們只是把因為工作分配不當造成的浪費，
透過改善使浪費消除、效率提升而已。

這些作法讓公司在推動改善時能夠用最快時間、最有效率方式創造價值，但持續改善後一定會遇到撞牆期，就跟減肥一樣。以我多年來的減肥經驗來說（這是真的，我曾經花一年時間體重從 127 公斤減至 79 公斤），前面所說的重分配方式就像是飲食熱量的控制，但接下來要進行的人員動作優化就是透過運動來創造熱量赤字的效果。

🔓 動作要素：改善的基本單位

透過觀測，我們觀察人們在從事工作時所產生的各種動作並對其做詳細分析，做為作業改善的切入點。以下提供十一種動作要素及其說明、實例，讓大家知道怎麼樣抓到切入點。

編號	動作要素	內容說明	實際案例
1	組合	將兩個以上的物品組裝在一起	鎖附螺絲
2	分解	將單一物品分開成兩個以上的物品	拆封膜
3	使用	因為目的需求而利用工具、裝置的動作	用刀切菜、用鐵鎚敲打
4	調查	將物品與標準做比較判定的動作	將產品比對樣品
5	抓取	在物品保持在控制狀態的動作	握、抓、按
6	搬運	變更物品的的位置至新的目的地	推、拉、滑
7	放手	將物品解除控制狀態	放置物品或使其落下
8	尋找	透過手眼活動來找目標物，指找尋開始到找出前	找尋在料架儲位上的所需零件
9	找出	透過手眼活動找到目標物的那瞬間	找到所需零件的那個時間點
10	調整	修改目標物的位置、方向等動作	將輸送帶上的物品轉向
11	等待	因為目標物來不及而人員產生等待時間	雙手空下來的時間

在一般工作實務上，僅有**「組合」**、**「分解」**、**「使用」**這三個動作要素具備提高產品附加價值的可能性，另外由於我們同時希望在製造過程中就把品質做好，因此再追加**「調查」**這項動作要素。我們希望能夠在人員動作分析中看到這四項動作要素的佔比越高越好。

想像一下在新冠肺炎疫情升溫時，許多人開始居家辦公，同時也要打理自己飲食，我們就以吃水果來舉例好了。如果你站在冰箱前「尋找」食材，然後「找出」自己想吃的牛番茄，接著「抓取」它「搬運」到調理台前，左翻右翻「調查」這顆番茄放了一個星期會不會有問題。確認 OK 之後，「調整」牛番茄的位置，「使用」菜刀將其「分解」成四片，方便自己食用。

有沒有發現？人類為了進食這個目的，真的有價值的是「使用」菜刀將牛番茄「分解」切成可入口大小，**而上述例子中的其餘動作都是存在優化或消除可能。**

🔒 人員動作優化的參考項目

如果你曾滑過臉書影片，背景音樂搭配著抖音神曲，畫面上搭配著各種神人的神乎其技，像是印度人快手烤餅、中國餐廳小哥快速收桌、東莞工廠裝配線女工神速裝箱等，仔細看你就會發現他們的動作其實都非常簡潔有力，甚至符合人因工程學中的教科書原理原則。

在這個章節我就來整理過往在改善過程中常見的動作效率重點給大家參考：

- **兩手同時做相反或對稱方向的動作，這樣雙手運作比較省力。**
  雙手向內擠壓是相反動作，雙手水平向外拉扯是相反，兩手一起推拉就是對稱方向的動作

- **雙手作動範圍盡量控制在水平面 90 度到 100 度之間。**

- **能夠只動雙手前臂就不要動到肩膀。**

- **避免運動方向急遽變化，或是身體重心上下改變。**

- **如果動作能夠產生節奏感，比較不會感到疲累。**

- **盡量低減注意力，不需思考或計算等。**

- **站立作業時可設計前後移動，避免久站的腳底負擔。**

設備、工具及物料的配置原則

過往我常跟隨日本豐田集團退役的高級顧問，協助台灣企業進行改善工作，在初出茅廬時我就常看到日本顧問在指摘設備、工具、物料的擺放位置。**許多台灣企業的管理者覺得不以為意甚至到不以為然的細節，就是日本顧問重視的改善切入點。**

> *因為設備、工具跟物料的擺放往往一放好*
> *就不容易更動，然後作業員日復一日的*
> *循環作業就不斷遷就著它們繞。*

因此我們來談談有哪些重點：

- 工具跟物料要放在作業者周邊的固定位置，包含高度跟斜度。

- 領取與存放零件要避免上下移動，盡量做水平移動，避免
  人員彎腰作業。

- 零組件的移動可以利用重力來移動，例如架子做斜面讓零
  組件自動滑落。

- 作業桌的高度以 90 公分到 100 公分間最適當。

- 注意符合作業性質的採光與照明設施，最好在流明數也設
  定明確標準。

🔓 治檢具與相關器械的作業配套

人員跟零組件間，或是零組件與設備間最重要的媒介就是一治
具與檢具。在很多公司的組織分工裡，治具、檢具的設計製作是
研發或工務單位的工作，然而設計者並不等於使用者，因此常會
聽到製造現場怨聲載道卻無能為力的情況發生。

當然這並非研發、工務單位的問題，而是公司層級需要改善才
行。我們就先針對實際使用面來看，有哪些值得注意的地方：

- 治檢具穩定性很重要，避免用手來保持材料或器具穩定。

- 專用治具會比泛用治具來得好，因為能夠減少調整時間與
  精度偏差。

- 操作動作上追求 One touch,one motion 的簡易設計（單一
  動作、按鈕）。

🔓 人機搭配上的浪費分析

因為自動化的進程在這幾年飛速發展，許多企業都希望大量導入機械手臂、加工設備等來減少人員投入的成本與時間。不過在完成全自動化生產前，大多採取的是作業員與設備相互搭配的生產方式，因此就有許多浪費值得改善與討論。在這邊就列舉幾個常見浪費給大家參考：

常見的人機搭配浪費	具體的事例說明
困難或大動作的浪費	物品的取出、存放動作與工具操作的路徑過大
步行拿產品的浪費	設備間（工程間）的距離
拿工件交換的浪費	左手換右手的換拿工件
作業後調整的浪費	工件放入治具後還要修正調整
啟動開關後回位的浪費	啟動開關的位置是否過遠？
等待的浪費	等待的頻率、單位時間、常見內容
修正的浪費	修正的頻率、單位時間、常見內容

如果你跟我一樣也是喜歡各種競技體育活動的人，試著想像每一位職業選手的動作，都是精準且完美的搭配。高爾夫球選手簡潔而有力的揮桿擊球動作；F1 一級方程式賽車手在每個彎道間油門、排檔與入彎角度的配合；或是游泳選手揮臂、踢水的節奏都是如此。

> *這麼說或許不見得恰當，但我認真覺得*
> *所謂一份工作，倘若你真的重視*
> *也把它當作你的職業來看，那麼一個職業選手*
> *是不會對於每個細節馬虎以對。*

今天提供給大家這些改善重點，就是希望大家能夠將其應用在你自己的工作中，像個職業選手般的做好自己。加油！

2-5

「不要再談產能可以開多大，我想知道損失有多少？」降低稼動率損失的方法

「傑哥，鑄造線的生產日報表裡面，每小時計畫目標產量是怎麼出來的？」

「我們是用標準單件工時，然後用 80% 的稼動率去計算。」

「那這樣每日產量還是對不上啊？你一天不是排 8 小時生產嗎？」

「顧問，我們用正常上班 8 小時，另外再加加班 2 小時去算！」

「是這樣啊～還真的不問都看不懂耶」

「 Richard 上個月請你找兩個產品訂單試行一個流生產，做了嗎？」

「有，我跟生管這邊一起安排跟現場跟催，從第一工序到包裝可以 8 天完成。」

「那現在生管都會怎麼進行排程？」

「從頭到尾大概會抓 30 天的時間。不過那是因為設備跟品質......」

> **在企業輔導時，我很少會在初期就大談方法論，**
> **因為在不熟悉公司內部流程、標準與人事時，**
> **就企圖用理論框架、流程方法或產線調整**
> **來扭轉戰局，是具有一定風險的事情。**

簡單來說，那就像是你看到有人傷口紅腫就直接拿出一塊痠痛藥布蓋上去，也許短時間內感覺「甜甜的、效果快、恢復體力也快，真的！」(啊～那是三支雨傘標)，但很有可能他傷口內其實發膿但我們卻不知道。

因此「瞭解公司做事方法」是我一開始會花時間去做的重點項目，雖然看似簡單，**但只要你勤跑現場多看多聽多問，就會發現其實很多作業標準或目標看似堅不可摧，但其實卻是吹彈可破，今天就要跟大家討論三個重點。**

🔓 標準工時的寬放

巨怪 Randy Johnson 是美國職棒 90 年代末期到 2000 年初期最具宰制力的投手之一，身高 208 公分，手長又具左投優勢，可輕易催出 95 英哩以上的速球，讓他生涯拿過 9 次三振王、4 次防禦率王及 5 座賽揚獎，媒體更稱他為「神之左手」，然而生涯早期的他其實空有球速卻毫無控球可言。

好的，在此我們先按個暫停鍵，在不開「上帝視角」（事後諸葛）的前提下，如果你是 Randy John 生涯早期的教練，你會給他什麼樣的建議？

- **選項 A：你的球速是你的武器，但要好好注意控球啊！**
- **選項 B：你試著降速求控球，如果你球速 90 英哩但控球準一點就好。**

不曉得你的答案會是什麼呢？選項 A 聽起來有講跟沒講一樣，選項 B 則是過去台灣棒球教練為人詬病的問題。但也許對 Randy Johnson 來說，他可能會像鱉拜一樣大喊著：「我全都要！小孩子才做選擇，我為什麼不能球速跟控球兼顧？」所幸他遇到生命中的貴人：美職三振王 Nolan Ryan，他點出 Randy Johnson 自由腳跨步及協調性問題並且協助改善。後續的結果我想你們都知道，就像前面提到的豐功偉業一樣震古鑠今。

> *回到管理，其實有很多公司主管都是*
> *「降速求控球」的代表人物，*
> *先追求穩定、和諧而沒有風險，*
> *白話文就是：「標準降低就不會出包，*
> *不會出包才不會被上面釘」。*

生產計畫量用標準工時以稼動率 80% 寬放一次，加班時間也拉進來算。生管排程也因為擔心各製程可能會有品質問題要重工返修、有設備故障會停工等待而寬放製程時間。**但其實這些動作都在一步步扼殺公司的實力。**

- 寬放，產線人員有達標就好，不用在效率面持續精進。
- 寬放，設備故障頻率、處理時間被掩飾，工務異常排除能力被弱化。
- 寬放，品質問題只要來得及重修返工就好，品質問題會不斷歷史重演。
- 寬放，生管排程不緊湊，造成大量的半成品庫存在廠內停滯堆積。

▎標準工時、產能不寬放

寬放

寬放 可能問題	· 人員效率難以持續精進
	· 設備異常易被忽略
	· 品質缺失不被重視
	· 生產排程，半成品庫存多
解決對策	· 重新檢視標準工時及目標產能設定
	· 管理者在現場投入時間進行觀摩驗證與問題挖掘

我一小時可作 115 件！

報 100 件就好，不然做不到怎麼辦？

也許有人會說這樣的標準太嚴格，會造成組織內部的壓力。但如果今天有運動員百米成績範圍在 12 秒到 10 秒間，我們只要求下限：「哇～你有在 12 秒以內很棒很棒（拍手）」，你覺得這位選手成績會持續精進甚至突破嗎？個人運動也許怡情養性，但企業組織面對到的競爭壓力是「你不往前別人就會超越你」的困境。

針對寬放，有什麼解決方式呢？

> **所以我的答案就是改善開始時就重新檢視所有的標準工時、目標設定，並且嚴格要求標準工時不寬放，這樣才能透過異常問題的顯示，找出改善課題之所在。**

「寬放」其實跟實際生產作業內容不相關，但是一旦現場標準、目標設定存有這種心態，那麼後續兩個損失就很難被發掘出來。因此不可不慎！然而在行動上，需要管理者在現場的時間投入，透過大量的觀察、驗證，才能讓各種有機可循的浪費被找出來。

🔓 附帶作業的影響

所謂的「附帶作業」就是生產過程中不得不做卻又會停下生產的事情，例如組裝線人員因為使用中零件用盡或完成品滿箱，所

必須做的換箱換籃作業；或是設備生產過程中需要停下來更換磨損刀具、膠卷、貼紙等耗材；又或者因為品質管理所需而設置的抽檢機制，例如每做 20 箱就要抽出一包來進行試漏。

這些附帶作業單回耗時不長，但是頻率次數卻無法忽略。以下有幾個改善作法提供給大家做參考：

- **人員換箱換籃**
  - 人員方面，透過專任的備料人員，減少現場作業員離開產線的搬運時間損失。
  - 空間方面，確保不論零件或成品都有雙箱空間，一為正在使用，另一個則是預備用。
  - 機構方面，透過無動力自動化，不論是彈夾補充、一進一出、左右橫移等方式都能縮短更換時間。

- **設備更換耗材**
  - 擺放位置，有別於過往耗材集中管理的擺放方式，可將常用耗材就近擺放以節省時間。
  - 取拿方式，減少以螺絲作為固定方式，改以快扣、夾具為主。另外動作上追求一步到位，並且不在設備停止時進行耗材的組裝，要能夠在線邊做好預組裝。
  - 使用壽命，由於材料科學的進步，現有耗材除了式樣形狀外也可以檢討材質端的改進。

- **品質確認機制**
  - 品檢人員的區分，例如焊接產品首件檢查需要進行長時間的破壞試驗，如果由作業者自身去做需要產線長時間的停

止。破壞試驗能夠交給班組長進行，作業員直接進行生產，如果真的有問題再停線確認，避免時間上的損耗。

- 第一線減少使用數據紀錄方式，而用簡易通止檢具（GO/NO GO）確認好壞即可。

人員：拿料、換籃、入庫

- 專任人員集中處理
- 雙箱法：區分使用中、預備用
- 設備自動化縮短更換時間

設備：更換耗材（刀具、模具、貼紙）

- 常用耗材就近管理
- 拆卸作業避免螺絲改快扣
- 耗材使用期限延長

品質：抽測尺寸、性能

- 檢查工作的分工（不一定要在產線上作）
- 數據紀錄以定期抽測了解傾向
- 外觀、尺寸合格與否，用 GO/NO GO 檢具

🔓 設備與品質異常

　　最後會影響稼動率乃至於產能損失的就在於「設備故障」與「品質異常」兩大事件。因為設備故障與品質問題茲事體大，我們會專文處理。不過在這邊一樣要提醒幾件重點以供參考：

- **設備異常**

  - 不是設備壞到不能動才叫故障，如果轉速變慢、產量變低都是異常。

  - 異常要怎麼顯示，需要靠目視管理讓大家一目瞭然，可以透過燈號、蜂鳴器等方式呈現。

  - 設備異常發生後，更要重視多久能察覺？多久能查明原因？多久能修復完畢？維修能力很重要。

  - 常損壞的設備零件或是進口零件等，要檢討是否需要建置安全庫存因應。

- **品質異常**

  - 發生不良品後，最忌諱的就是兩極化的處理方式：一是丟在不良品箱等待品保人員回應，二是作業員自己動手修整而沒有通報或統計。

  - **管理者在製造現場最重要的工作就是在品質異常發生的當下要停下產線，並與作業人員討論或指導以臨時對策因應。**即便恢復生產仍不可掉以輕心，要追蹤或思考永久對策可以是什麼？

  - 對於品質異常的數據分析要認真收集，是偶發還是常發生？好發於何處？何時？何人等等。

熟悉我作法的企業朋友都知道，我對於最大產能這件事都會抱持著遲疑的態度。

因為多年來的輔導經驗告訴我，有這麼多的因素會影響產能。今天你看完這篇文章可能中了其中兩項、三項，而且受害程度還不盡相同。就如同我第一本書的副標：「不浪費就是提升生產力」，**希望能夠讓身為管理者的你看完後能夠改變最大產能的迷思，將時間精力花在可能的損失上**，相信一定會帶來幫助，加油！

2-6

「老師，能不能指導我們新廠規劃要注意什麼？」從物的流動下手

　　過去常聽到財經媒體在預測台灣汽車市場時，會說到「十年換車潮」，意指像汽車這樣的大型耐久財會有週期性的購買行為出現。**然而我自己倒是感受到近幾年，台灣產業界更多的是「三十年換廠潮」出現。**光是 2020 年我手上就有超過五家企業有蓋新廠或遷廠需求，如果放大到三年內可能超過十家。

　　推究其原因，過去企業在成長過程中的作法就是「走一步算一步」，土地廠房無法一次到位，而是逐步增建。這也讓內部製程面臨物流混亂、工序效率無法最大化。所幸過去台灣廠商仰賴專業技術、優質人力與靈活變通，能夠取得不錯的發展成績。

　　隨著企業發展趨於穩定（白話：能活下來都是翹楚，倒掉的只剩苦楚），產業趨勢走向少量多樣、世界杯的全球比價，過往的廠房配置方式其實已經無法滿足現有需求。加上台灣近年來許多企業也越來越爭氣，在需求強勁帶動下，促成這一波新廠建置潮。

　　然而買了土地、蓋了廠房再擺上設備，事情就解決了嗎？有鑒於中美貿易戰、台商回流等政治經濟議題持續發酵，三十年換廠潮在未來五年內仍舊會是個需求強勁的議題，因此特別利用這一

篇來好好跟大家談談要注意的重點項目有哪些。

🔓 未來性

好，不要急，我知道此刻已經有讀者按耐不住說：「不要再跟我說未來性？如果未來我知道的話，要不我直接簽大樂透比較快？」不過我在這邊想跟大家提到的是，站在公司管理者的角度，你應當試圖弄清楚幾件事情：

- **你覺得這個產業目前是在成長期、成熟期還是衰退期？**
- **對於接下來五年，產業成長率的預估，進而推估公司產量的增幅**
- **產品或服務的關鍵工序為何？**

如果產業還在成長期，那麼需求量、銷售額仍會有持續成長的力道，這時你在擴廠時的思考會以產量、速度為重點，因為這個產業持續會有新的參與者跳入，爭取市占就成了你最重要的課題，舉例像是現今的電動車相關產業。

然而如果你的產業需求已經趨近飽和，只能透過差異化或壓低價格來掠奪他人的市佔。這時候對於品質、少量多樣、庫存等議題就顯得格外重要，例如像是食品業、燃油車零組件等。

對於產業生命週期與公司產量增幅、市場佔有率有個底以後，接著我們要盤點清楚產品或服務的工序流程，關鍵工序是什麼？我們是否有足夠的工程能力，包括產能、品質要求、人力。再者，

有哪些工序現在是外包？要知道，製程外包對於管理上來說，至少就增加了兩個庫存停滯的節點與空間：外包出廠前的暫存、外包回廠後的暫存，這對於整體製程時間的管控、生管單位排程的困難度，甚至是品質穩定性等都是考驗。

因此，**如果我們能夠利用新廠規劃時期重新考量外包的決策，相信會是個非常適合的時間點。**

🔓 空間必要性

對於未來性的討論結束後，接下來我們就要回到實際硬體面進行規劃，空間大小是最基本的限制條件。就跟你要有三百萬美金，才能參加慈善賭王撲克大賽一樣，你有多少坪的場地勢必影響你能做多大的規劃。

> **對於空間，首先我會預留 30% 的空間不列入當前的產能規劃，因為土地稀缺性這件事在台灣各工業區來說更是明顯。**

在豐田集團中，我們會將這樣的預留空間稱作「戰略空間」，因為即使我們做了再多對於未來的預測，還是有可能有臨時大訂單、新產品的機會出現，這時如果我們在製造端已無擴充性，那

麼反過來說就是種機會成本的損失。每當我提到這個觀點時，老闆總是會皺著眉苦著臉跟我說：「顧問，你講的這些道理，我們當然都懂，但光原封不動移過來就很吃力了，還要怎麼預留空間？」

其實關鍵就在於「原封不動」這四個字上面，我們來想像一下，如果你現在有換屋需求，當你在搬家時會不經過任何整理，或是對於格局也沒有任何想法，就只是單純搬遷嗎？如果不會的話，為什麼不願意在新廠規劃時，好好地思考清楚究竟可以怎麼做呢？但你可能又會問說：「要是我就是 50 坪舊屋換 50 坪呢？」好，接下來就讓我們進入新廠規劃的重頭戲。

Outside-in   **Inside-Out**

外觀	內省
產業發展性	空間必要性
· 成長、成熟或處於衰退階段？ · 推估接下來五年的增長幅度？ · 關鍵工序為何？	· 預留 30% 場地作為戰略空間 · 以物的順暢流動為規劃重點 · 搬運頻率影響庫存空間大小

建新廠？

🔓 廠房動線規劃步驟

1. 物流卡車的動線、裝載卸貨的位置

相較於廠房內部規劃，台灣許多廠商容易忽略物流卡車在進出貨端的影響，例如碼頭上停靠著等待裝貨趕赴船期的貨櫃，但反而影響內銷產品的出貨；或是供應商交貨時隨意卸載，反而使品管、倉儲人員在點交或進料檢查（IQC）時花費更多時間在找尋、移倉等無價值作業上。

如果是完整的區域規劃，若是廠房僅有單一出入口，我會建議設計環廠通道。這時候供應商交貨跟出貨給客戶的卡車，就有不同的先後順序。供應商交貨的話，進場後會是先卸載貨物，再回收空箱；出貨給客戶的話，卡車進場後則是先卸載來自客戶端回收的空箱，再裝載成品出廠交貨。

2. 生產區域、物料、通道、檢查區、模治具等位置

接下來進行廠內區域的規劃，如同都市重劃區的規劃模式一樣，會建議先把主、副通道給確立下來。接下來再賦予不同區塊各自的使用方式。

其中有個重點想要提供給大家，多年經驗告訴我，**台日企業的工廠為什麼一走進去的感受會不一樣，那就是「靠牆的地方就開走道」。如果靠牆的地方沒有開成走道而是用來堆放物品，很難做到先進先出的管理，進而產生許多呆滯品。**

另外常有人問到生產區域、物品、通道與其他區域的比例，雖然說必須看產業、規模而定，但大致上建議 40%-30%-15%-15%。

但實際上看到許多台灣工廠在物品上的比例就高達 50% 以上，顯示庫存管控仍舊是我們需要改善之處。

3. 生產設備的整流化與同期化

廠房外部搞定，區域劃分搞定，接下來我們要聚焦在生產區域內的設備位置。其實透過前兩個步驟，我們就已經擺脫傳統以設備為主體的思維。**接下來我們的要務就是希望能夠依照產品的生產工序，盡可能將設備與工站串接在一起。**

因為前後工序的串接，能夠減少搬運作業的產生，更能夠縮減半成品庫存。放心，我知道你們會說：「老師可是我們產品就少量多樣，而且製程不盡相同，怎麼辦？」管理本來就無法滿足所有人，產品也是。因此我建議即便是少量多樣的生產中，我們仍舊能找到相對多數的產品，依照其生產流程來安排設備與工站的順序及位置。

> *白話文來說就是「我寧可讓剩下 20%*
> *變得更加難做，也要讓 80% 變得更快更有效」*
> *因為抓大放小是最適當的選擇。*

4. 半成品的搬運頻率、運輸工具、使用通道、暫存區

不過呢，**生產工站、設備我們以串接為第一考量**，但不可諱言有些工站難以合併，像是鍛造、塗裝、沖壓等，可能是大型設備或是生產模式須以批量為主。這時候前後工站的存在就成既定事實，但我們要做的同樣是「串接」，只是從工站串接改成以搬運來串接。

因此我們需討論並訂出半成品的搬運頻率，而頻率會影響運輸工具、通道跟存放區域。舉例來說如果每四小時搬運一次，那麼搬運工具可能會選擇以油壓板車為主，而通道寬度可能就至少要 1.5 米寬，後工序的存放區域至少就要規劃四小時產量的空間。然而如果選擇每小時搬運一次，那麼可能只需要台車即可，通道寬度則可設置 80 公分寬，後工序的存放區域就以一小時產量空間即可。

5. 原材料、外購零件的供應頻率、儲位與使用工具

既然公司內部前後工站的搬運頻率、工具、通道、暫存區都已規劃，接下來我們就把目光放至原材料與外購零件上。此處所談的搬運頻率係指供應商多久到貨一次，然而這還牽扯到 MOQ（最小訂購量）、交期長短，有賴公司採購單位與供應商間的溝通協調，在此就不把戰線擴大，不一併拉進來談。**但請記得與半成品一樣，搬運頻率會決定儲位大小跟搬運工具。**

另外原材料、外購零件的放置區域，如果是以料架方式進行管理，也別忘了前面所述「先進先出」跟「固定儲位」的重要性。在這邊就要提到在②階段很多人的疑問：「先開走道，再來擺設備跟物料，萬一放不下怎麼辦？」其實你會發現我們在③.④.⑤階段都是透過重新設計以整流化與小批量多回次來實現庫存低減，進而讓走道面積的預留不顯得浪費。

新廠動線規劃查核表

步驟順序	工作項目	注意重點	負責人員	預計完成日	實際完成日	備註
1	物流卡車的動線及卸載、裝貨區	・有環廠通道會更好 ・供應商先卸貨後收空箱 ・客戶端先下空箱後裝貨				
2	各使用區域的具體位置及通道	・先開通道，再分區域 ・環廠靠牆邊設走道，利於先進先出管理				
3	生產工序、設備的整流與同期化	・依照生產順序安排設備位置 ・前後工序串連，減少搬運與半成品庫存 ・主力產品優先，抓大放小				
4	半成品的搬運頻率、使用工具、使用通道、暫存區	・搬運頻率最關鍵，建議小批量多回次的搬運 ・使用工具、暫存區大小會依搬運頻率而定 ・使用通道的寬度大小會依搬運工具而定				
5	原材料、外購零件的供應頻率、儲位、使用工具	・重視協調、溝通：MOQ(最小訂購量)、交期、供應頻率 ・儲位管理「什麼東西？在哪？有多少量？」能輕易知道				
6	完成品的供應頻率、儲位、使用工具	・掌握明確客戶的需求時間與需求量 ・儲位管理「什麼東西？在哪？有多少量？」能輕易知道 ・備貨作業與區域最小化				

原舊廠配置

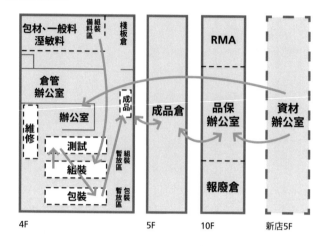

4F 　　5F　　10F　　新店5F

新廠配置

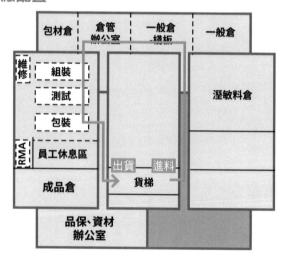

　　2019 年台灣某工業用伺服器公司，我們就曾在新廠規劃階段，透過兩個月的頻繁檢討，成功讓原先計劃的生產面積降低 25%，並且讓產品生產的效率更高。而 2020 年更是協助高雄某汽機車零組件廠針對新廠規劃做好縝密規劃並付諸實現。希望從未來性、空間必要性以及六大步驟，能夠讓你與貴公司能夠收穫良多。

2-7

「如果真的要建庫存，應該放在哪呢？」
對於庫存建置的建議

　　說到這家食品企業來討論 2021 年的顧問案，是我收集童年回憶大總匯的夢想之一。這家超過五十年的國民品牌，絕對是大家耳熟能詳的產品。近年來雖然面臨到品牌老化、虧損、經營團隊更替的問題，但團隊們在品牌再造、通路行銷端做了許多努力，像是聯名款、限定口味等，的確走出一條新的活路。現在他們更希望回歸製造本質，希望透過精實管理協助公司內部效率、庫存、交期、品質有更好的表現。

　　這幾年，由於我在多家台灣食品上市櫃大廠著力頗深，因此這家企業的總經理主動找上門來，我也揭開神秘面紗一睹台灣家喻戶曉產品的製程。

　　三個小時的企業診斷過程中，我從原料投入到完成品包裝出貨逐一詢問流程。我關注製造工序上的人員與自動化設備的協作方式，同時也在意著跨流程間原料、半成品跟完成品的滯留情況。在隨後的高層會議上，我特別舉出庫存停滯的現象，藉此反推管理面的改善可能。

🔓 生產排程無法串接

由於企業對於各功能組織的專業分工，所以從原材料到完成品，有些公司生管單位對於訂單只給最終期限，**各製程的現場主管有可能因為顧慮交期就盡可能採取安心穩健的方式：「盡可能先做起來放」。我管這叫「乖學生的暑假作業寫法！」**

大家回想看看，你小學的時候班上肯定會有幾位乖寶寶同學剛放暑假就用功地把功課寫完，可能接下來一個半月就能高枕無憂。

然而小學的時候大多人的實際狀況卻是先大玩特玩直到最後一刻明天要開學了才開始飆作業。很奇怪的是小時候你臨時抱佛腳，但長大在公司裡卻變成乖學生？

> *我想表達的是實體製造卻不建議這麼做，*
> *因為對於生產製造端的「預作準備」*
> *反而會影響公司現金流動、佔用庫存空間，*
> *進而影響管理能力。*

乖寶寶排程的特色

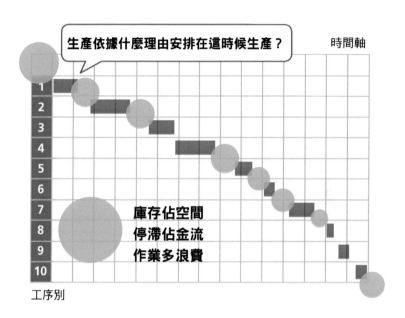

① 以各工序為主體，只重視該筆工單在自己這邊的進度
② 擔心品質異常、設備故障、缺料等，管理者多會選擇提早作業
③ 造成半成品庫存問題、動作浪費、金流問題

以終為始排程的特色

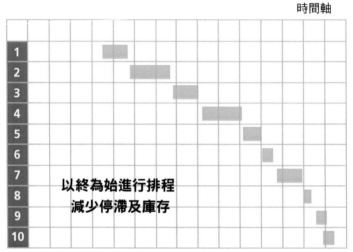

① 重視整體的生產流程，目標在於投入產出速度的最佳化

② 各工序要改善品質、設備問題，不提早作業，排程即時剛好

③ 減少停滯與庫存，釋放空間與現金

🔒 工序生產能力不匹配

這可能來自於前後工序間的換模換線次數、開班數量、每班產能等因素。例如前工序 8 小時能夠產出 2000 件，但後工序只有 1000 件；前工序開三班制，後工序可能因為危險性高招工不易只開一班制。

更重要的是站在各功能組織的角度，往往會站在自己的立場去追求該部門的最高產能（稼動率）。

> **我建議公司高階主管此時應該要站在整體平衡的角度，追求整體製程而非單一工序的最高產能。**

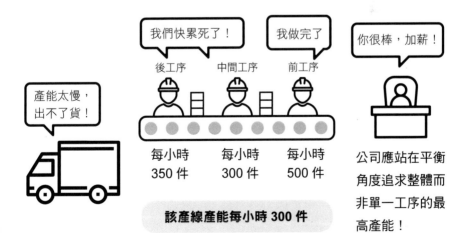

🔓 人員作業配置的浪費

在現場診斷的過程，要在第一線看到人員等待時間其實比較罕見，畢竟今天有顧問或公司總經理、協理突然站在旁邊看著你工作，說不緊張是騙人的。

這時候大家都會創造額外工作，這時候教給大家如何找出人員配置浪費的快速方法：**當我看到半成品的庫存，或以批量形式供給（常見如預折紙箱、預作零件等），大多表示人員工作配置上存在優化的空間**。若能改變產線、物料位置，人數產能的配置應該還有改進的可能。

預折紙箱示意圖

🔒 建置原材料庫存：評估空間與金流

「老師，如果真的要建庫存，應該要放在哪呢？」有時候都會遇到來自企業端的疑問，我知道這些問題都不是想要挑戰你，而是真心學習所產生的問題。

這家食品廠的課長 Mandy 就認真瞪大眼睛提出上述問題，我想此刻閱讀的你一定也有實務面的相似問題。我的想法提供給大家參考。

> **對於庫存我先講結論，半成品的庫存
> 是最不好的。
> 至於其他庫存的管理，讓我一一道來。**

原料庫存有可能因為產業特性的關係需要提前備庫存，甚至帶有點期貨的概念在裡面，例如 2021 年開始鋼鐵價格突然調漲 10%，如果你事前有大幅調漲的預期，評估庫存空間與金流後，那麼建庫存會是個能夠接受的選擇。又或者你所需的原材料像是堅果、地瓜等農產品甚至存在著季採年收的情況，那麼我們能做的就是順應著收成季節把大量的原材料收購入倉，接下來等候實際需求的發生再追求快速產出、賣出。

🔓 建置完成品庫存——逐步調降並與客戶溝通

有些企業面對客戶的短而急需求（多為通路廠商），只能建完成品庫存因應。因為在簽訂的合約中，如果未能在交期內供應需求數量，會受到罰款處罰。然而每天的需求量可能今天 1000 箱，明天 5000 箱的大幅度變化都有可能。無奈公司設備、人力等都有限制，我們能做的就只有先預備完成品庫存因應。這時候要備多少量才夠呢？

我不建議一開始就挑戰極限，反而寧可先寬放，但大多數廠商最大的問題就是過度期望一勞永逸這件事，說也奇怪股票盈虧、匯率漲跌甚至價格調整都持續變化，對於內部管理項目就不願改變。

通常我會建議任何管理項目，包括現在說的完成品庫存水位都可以先訂下一個數字，然後至少每個月進行檢討，透過持續不斷的 PDCA（計畫、執行、檢查、行動）來逐步調整。

另外跟客戶溝通也是個值得一試的方法，甚至告知客戶端倘若能夠提供更加穩定、平準的需求，那麼這邊也能夠適度讓利給客戶，製造雙贏局面。我想這在台灣汽機車零組件業已經行之有年，相信在你的產業也有實現的可能性。

🔒 建置半成品庫存？不，你需要改善、改善再改善

人是習慣的動物，對於半成品庫存我向來採取零容忍政策。因為半成品庫存一來佔用空間、增加許多額外作業（搬運、取拿、找尋、保護等），同時在金流上也是種不利的滯留。

> **更可怕的是這些半成品庫存會讓公司
> 各功能單位甚至高階主管得以忽略本文一開始
> 所提到的生產排程不串連、前後工序生產能力
> 不匹配與人員配置浪費的問題。**

因此鼓勵大家能做的就是改善、改善再改善。

你可以從排程端下手，追求前後工序排程的緊密連結。也能夠從實體工站著手，設法合併前後工序減少搬運作業與庫存產生。或是從人員時間配置努力，讓產品以最有效率的方式平準化生產。同時也應該加強系統端與實務面的「目視管理」，讓公司上下都能夠清楚知道什麼東西、在哪裡、有多少量，既然庫存並非我們所愛，那麼正視問題、了解實際情況就是改善的基礎。

以上這些內容都是這家老牌食品廠在診斷會議後所提出庫存疑問，以及我所做出的回應。當然在診斷巡視現場的過程，我拍下他們庫存實際的狀況、數量、時間等照片，一邊回答一邊用實際

照片輔助說明，讓台下總經理與一眾中高階主管紛紛點頭稱是。

雖然知道跟做到是兩回事，讓歷史悠久的企業從觀念上動起來就已經讓我覺得很棒。相信他們在品牌行銷端的靈活創新，也能夠應用在內部組織的精實管理上。加油！我們一起努力。

評估項目 庫存種類	原料庫存	半成品庫存	完成品庫存
對外關係	可能受到產業特性而需要備庫存，或因價格起伏過大而備庫存。例如：鋼鐵、農產品等。	無	面對客戶合約壓力或短期訂單需求，而需建置庫存
內部成本	1. 資金積壓 2. 空間與人力 3. 原料可能因時間而損壞、變質或價格下降	1. 資金積壓 2. 空間與人力 3. 失去改善動力(若遇到品質問題、設備異常、產能不足時，有半成品庫存可優先對應) 4. 若客戶訂單有所變動，半成品難以快速變現	1. 資金積壓 2. 空間與人力 3. 失去改善動力(若遇到品質問題、設備異常、產能不足時，有完成品庫存可對應)
改善建議	依公司經營條件，設定庫存的最大、最小量，並逐步調降。(緊急時可變賣)	改善第一優先要務	依公司經營條件設定庫存的最大、最小量，並逐步調降。(緊急時可以促銷等方式降庫存變現)

第三部

執行者如何利用工具

調查分析現場

3-1

「老師我們有標準作業，但人真的變因太多？」談時間觀測的重要性

點 想要透過工具來調查分析現場，最基本的觀測對象會是人或機器設備。我們該如何紀錄人員的一次性動作？設備每回的加工行程？

「時間觀測」會是最基本的課題，也是最有效的利器。

　　台中是許多產業的重鎮，像是自行車、機械業等都在全球市場佔有一席之地。其實台中的手工具業也不遑多讓，甚至有許多產品更居於隱形冠軍的地位，所謂的手工具就像是刀具、夾具、鎚子、螺絲起子、扳手、套筒、鉗子、剪刀之類。然而手工具廠商多為中小型企業，人數在 30 人到 100 人間，產品以外銷歐美為主。

　　許多企業主面對中國大陸同業競爭或客戶端對於價格、品質、交期彈性的需求，壓力日增，因此近年來有一波推動改善的熱潮產生。我也在 2018 年起，跟中部多家手工具業者有所接觸，故事就從這說起 ......

「老師，你剛才提到標準作業這點，我想說明一下！」製造部張協理在會議中起身發言，他主導公司推動精實管理的改善活動。「我們公司之前就已經有設定標準作業了，只是真的很難落實。主要是因為有些工作需要熟練度，然後人員也常需要到處支援，或是品項很多又有客戶的特殊要求 ...」

接下來張協理大概花了十五分鐘的時間試圖闡述他有多辛苦，眼看他已經偏題偏到忘了本文，我趕緊趁話題告個段落拉回正軌。我說：「協理，我知道你這邊對於公司改善的用心。您剛才談到標準作業的困難度，我這邊也要來提供具體作法跟其他公司的經驗歸納給大家參考。」

🔓 時間觀測的重要性：了解實力與偏差

2009 年當我人在日本愛信精機高等學園研修時，其中就有將近一週的時間，需要拿著記錄紙、碼表在產線上進行時間觀測。

> **在豐田集團有句話叫「時間是動作的影子」，也就是說不管是設備或人員動作，最後都是要以時間這個最公平的單位來進行衡量。**

透過時間觀測，我們才能夠驗證公司所訂定的標準作業是否有明確落實在不同廠區、產線甚至是人員上。例如我們設定組裝四顆螺絲的時間是 8 秒鐘，透過時間觀測，能夠驗證這個標準是否具備可達成性。又或者其實有人能夠在 6 秒完成，知道頂標後，我們繼續觀察、拆解、分析其動作順序、工具手法，藉此追求整體效率的進步。

又或者鎖付四顆螺絲 8 秒鐘的標準卻無法有穩定發揮，那麼也是藉由時間觀測才能夠得知，同樣要去觀察驗證造成不穩定的因子會是什麼？治具容易歪斜？螺絲料盒不易拿取？氣動扳手時好時壞？或是人員手眼協調性的差異呢？透過時間最終結果的差異，我們才能反推肇因為何。

對象產線　裝二課 k3 線　　　　　　　調查日期　2021 年 7 月 1 日

產品　CX-501　　　　　　　　　　　調查時間　15:00-15:20

調查對象　瑪蒂斯　　　　　　　　　　觀測者　張文豪

編號	作業順序	時間觀測										作業時間	改善重點
		1	2	3	4	5	6	7	8	9	10		
1	取材料放入 A 機台並啟動	0 / 6	28 / 6	53 / 7	19 / 6	47 / 7	15 / 8	45 / 8	13 / 6	38 / 7	04 / 7	6	*不平準改善
2	移動至包裝桌	6 / 1	34 / 1	00 / 1	25 / 1	54 / 1	23 / 1	53 / 1	19 / 1	45 / 1	11 / 1	1	
3	清點 5 支成品並以束帶包裝	7 / 7	35 / 8	01 / 7	26 / 10	55 / 9	24 / 10	54 / 7	20 / 7	46 / 8	12 / 10	8	*不平準改善
4	拿塑膠袋並將成品放入	14 / 4	43 / 3	08 / 3	36 / 3	04 / 4	34 / 3	01 / 4	27 / 3	54 / 3	22 / 3	3	
5	移動至封口機	18 / 3	46 / 2	11 / 2	39 / 2	08 / 2	37 / 2	05 / 2	30 / 2	57 / 2	25 / 2	2	*步行距離縮短
6	封口作業	21 / 4	48 / 3	13 / 4	41 / 4	10 / 3	39 / 3	07 / 4	32 / 3	59 / 3	27 / 3	3	
7	完成品放入紙箱	25 / 2	51 / 3	17 / 4	45 / 4	13 / 3	42 / 3	11 / 4	35 / 3	02 / 3	30 / 3	1	
8	移動回材料處	27 / 1	52 / 1	18 / 1	46 / 1	14 / 1	44 / 1	12 / 1	37 / 1	03 / 1	31 / 1	1	
9													
10													
		28	25	26	28	28	30	28	25	26	28	25	

🔓 時間觀測前：觀測對象、作業順序、設備佈置

時間觀測前，我們要先在現場預作準備。首先在紀錄紙寫下本回的觀測對象是誰，並且寫下他的作業順序以及作業範圍內的設備佈置。

> **此時，我們必須要先確認他的作業順序
> 是否具有規律性。**

如果這次 ABC、再來 BAC、最後 CBA 的話，那麼即便有時間觀測也找不出改善的意義。另外設備佈置也會讓你更清楚受測者需要操作幾台設備，他是逆時鐘或順時鐘運作的，會讓你後續檢討時印象深刻不容易輕易忘記。

> **如果他的作業順序具有規律性，
> 那麼接下來我們要做的事就是一步步地
> 將其動作拆解並寫在紀錄紙上。**

動作項目要求詳細，例如「鎖螺絲」這件事應該要能夠被拆解成「從料盒內拿螺絲」、「將螺絲假鎖付到孔內」、「以氣動扳手鎖付」這三個動作要素。**這邊如果你能夠分解的越細，對於後續找出時間差異的可能性越高。**然而也要依照你個人觀察與紀錄能力有關，如果你比照電影規格每秒 24 格來拆解動作，除非你是卡卡西老師內建寫輪眼，否則這只是整死自己而已。

不用在事前過度擔心自己拆解太粗糙，只要你確實做過時間觀測，找出差異項目，我們再來好好對付它即可。

對象產線 ＿＿＿＿＿＿＿＿＿＿＿　　　　　　調查日期 ＿＿ 年＿＿ 月 ＿＿ 日
產品　　　 ＿＿＿＿＿＿＿＿＿＿＿　　　　　　調查時間 ＿＿＿＿＿＿＿＿＿＿
調查對象 ＿＿＿＿＿＿＿＿＿＿＿　時間觀測　　觀測者 ＿＿＿＿＿＿＿＿＿＿

編號	作業順序	1	2	3	4	5	6	7	8	9	10	作業時間	改善重點
1	取材料放入 A 機台並啟動												
2	移動至包裝桌												
3	清點 5 支成品並以束帶包裝												
4	拿塑膠袋並將成品放入												
5	移動至封口機												
6	封口作業												
7	完成品放入紙箱												
8	移動回材料處												
9													
10													

❶觀測對象的記錄

❷作業循環順序的填寫

❸確認設備的位置

🔒 時間觀測中：連續不間斷，只紀錄秒數

接下來我們就要開始著手進行時間觀測，你需要的工具有紀錄紙、碼表與筆，如果你事前觀測就已經確定受測者是有規律性的作業循環，那麼就從第一個動作開始按下碼表。

> **重點是「不停表」、「不停表」、「不停表」**
> **（很重要，雖然老套但還是要講三次）。**
> **在你目光看到每一次動作結束的同時，**
> **就將碼表上的秒數抄寫在紀錄紙上，**
> **如此反覆進行。**

什麼？你問我說分、秒都要寫也太困難。**這邊告訴你一個小訣竅：「只記下秒數」即可。因為受測者的動作已經先被我們分別拆解過，所以一個動作很難超過 60 秒以上**（如果有，那你應該要再把動作拆細），這樣一來我們只需要在快速填寫的過程中記錄秒數即可。

那麼不停表究竟要測幾次呢？我的建議是十次，也就是不停表連續十次作業。你可能會想說會不會太誇張，我經驗老道看個三次已經很給面子了，一口氣要紀錄這麼多的理由是什麼？**答案是次數過少容易忽略掉差異，不停表連續十次會讓受測者趨近正常，**

否則容易造成「洛桑效應（Hawthorne Effect）」，意指受到額外的關注而引起努力或績效上升的情況。

好吧！我知道也是有可能因為額外關注而刻意放慢的情況，不過就是因為不停表連續十次作業，希望能夠讓受測者平常心以對。

對象名稱 _____						調查日期 ___年___月___日							
產品 _____						調查時間 _____							
調查對象 _____				時間觀測		觀測者 _____							
編號	作業順序	1	2	3	4	5	6	7	8	9	10	作業時間	改善重點
1		0	28	53	19	47	15	45	13	38	04		
		6	6	7	6	7	8	8	6	7	7		
2		6	34	00	25	54	23	53	19	45	11		
		1	1	1	1	1	1	1	1	1	1		
3		7	35	01	26	55	24	54	20	46	12		
		7	8	7	10	9	10	7	7	8	10		
4		14	43	08	36	04	34	01	27	54	22		
		4	3	3	3	4	3	4	3	3	3		
5		18	46	11	39	08	37	05	30	57	25		
		3	2	2	2	2	2	2	2	2	2		
6		21	48	13	41	10	39	07	32	59	27		
		4	3	4	4	3	3	3	4	3	3		
7		25	51	17	45	13	42	11	35	02	30		
		2	1	1	1	2	1	2	1	1	1		
8		27	52	18	46	14	44	12	37	03	31		
		1	1	1	1	1	1	1	1	1	1		
9													
10													

❶連續十次不停錶
❷只記秒數就好

時間觀測後：最佳成績、偏差值、附帶作業

　　等待觀測結束後，我們開始計算每一格動作要素的花費時間，接著把每一格動作要素的時間加總計算，就能夠知道每一回作業循環所需時間。

> *連續十次作業的循環時間，我們要先挑選出最好的那一次作為時間觀測的結果。*

　　理由就跟競技體育一樣，就像你跑 100 公尺不會報平均成績，而會報自己最好的成績。只不過這邊要注意我們必須把極端值捨棄，例如鎖四顆螺絲需要 8 秒，6 秒已經是老鳥最佳成績，偏偏你現在觀測的新人卻能做到 4 秒。這種情況只可能兩種答案，要嘛他是怪物級別的新人，又或者你剛才時間觀測時出現差錯，然而後者的機率多半高一點。

>
> *如果十次觀測下來最佳單次成績是 25 秒，那麼接下來我們要做一件事，就是透過秒數反向拆解這總成績是怎麼達到的？*

也就是把 25 秒的成績反向拆分到每一個動作要素。**我們會從每一個動作要素的十次測量成績裡挑選出現最多且相對合理的秒數填入右邊欄位**。這麼一來，我們能夠找出循環作業的最佳解，也能夠得出每個動作要素的需求秒數。

另外也要觀察連續做了幾次循環作業，會否發生附帶作業？附帶作業不是每一次都需要的工作，但可能一段時間、幾次作業後需要執行的工作，像是空箱領取、品質檢查、刀具更換等。如果有觀察到這樣的作業方式，請註記附帶作業的發生頻率，是幾次循環作業或多少時間需要做一次？做一次要花費多少時間？

編號	作業順序	1	2	3	4	5	6	7	8	9	10	作業時間	改善重點
1												6	* 不平準改善
2												1	
3												8	* 不平準改善
4												3	
5												2	* 步行距離縮短
6												3	
7												1	
8												1	
9													
10													

❶找出循環作業時間最佳值

❷拆解作業要素時間

❸注意改善重點及附帶作業

175

時間觀測看似簡單，但我非常建議大家一定要試著操作看看。近年來有越來越多企業的改善團隊會詢問我說：「老師，我們不能夠用手機拍攝就好嗎？」我個人仍舊建議採取現場目視加手動記錄的理由有以下兩點：

- **手機拍攝，人們很難有耐心連續紀錄十次循環的秒數**
- **現場紀錄，除了時間觀測外，更能夠讓觀測者瞭解現場問題與差異**

現在！就拿起時間觀測紀錄紙、筆以及碼表，選擇一個你想改善的戰場，試著把時間觀測的基本功練起來。因為接下來我們有太多的改善都會因此而生。期待你的成果。

3-2

「要怎麼針對產線作體檢呢？」
用生產線調查表完整揭露

線 當我們學會觀測單一作業員或設備的動作後，範圍從「點」要擴展到「線」，可能是人員間作業負擔如何平衡？或者是產線設備的加工能力差異？

不管是一人多機、多人協作，我們要透過五種調查工具來更理性地認識現場。分別是接下來要一一介紹的：「生產線調查表」、「工程別能力表」、「山積表」、「標準作業組合表」、「標準作業表」。

從 2019 年的中美貿易戰開始，台灣許多以出口為主的製造產業面臨到中國大陸生產基地的需求萎縮，或是因為關稅考量而轉單回台灣或到東南亞等國生產。面對突如其來的大量訂單，加速台商從中國大陸撤退或移轉的決心，同時也為越南、緬甸、泰國等地原本的管理方式、生產型態帶來不小的衝擊。

2019 年下半年，我有多次機會到南越的胡志明市附近協助一家台灣企業推動越南廠的精實管理，第一次進工廠我便召集台幹、

陸幹，準備先行瞭解公司目前的生產情況：

「一樓的 XX 產線，目前一天換線幾次？庫存量有多少？交貨是多久交一次給客戶呢？」我問。

「…………（沈默無聲）」上從廠長下至課長組長，大家或是低頭裝忙或是直瞪著我看。

我原本備受打擊，想說千里迢迢飛到這裡來進行顧問案，在台灣的時候董事長跟我說沒問題，大家一定會全力配合以老師的話為優先。結果下飛機第一天就打算給我下馬威嗎？就在我內心戲演到一半時，越南廠的廠長就適時舉手：「顧問，你的問題，我們會趕快確認，希望下班前可以給您回覆。」說完後就讓其他同事回到各自工作崗位。

廠長刻意留下向我坦誠其實他們很想改善，但其實對於現場的掌握度也不高，問我有沒有什麼固定格式可以協助他們調查並掌握現況呢？

生產線調查表範例

部門名稱 生二部製造課　　　　　　　生產線調查表　　　　調查人員 鍾維隆

產品名稱 鎚類專線　　　　　　　　　　　　　　　　　　調查日期 2021 年 7 月 1 日

全流程簡圖

原料倉 ❶修整 ❷熱處理 ❸噴砂 ❹塗裝 ❺雷雕 ❻拋光 ❼防銹 ❽組裝 ❾包裝 完成品倉 ▸出貨

調查項目	產品	TOP1 木柄羊角槌	TOP2 纖維柄尖尾鎚	TOP3 香檳鎚	其他
工程	1. 工程數量	8 工程	9 工程	7 工程	
	2. 工程順序	❶❷❸❹❺❻❼ ❽❾	❶❷❸❹❺❻ ❼❽❾	❶❷❸❹❺❻ ❼❽❾	
	3. 組裝零件數	7	8	5	
生產數	4. 月平均生產數	5,200 個	4,000 個	2,600 個	
	5. 日平均生產數	260 個	200 個	130 個	
出貨	6. 每日出貨數量	240 個	180 個	120 個	
	7. 每箱收容數量	60 個	60 個	60 個	
	8. 每班出貨次數	3 次	3 次	2 次	
	9. 出貨時間表	8 時 /10 時 /15 時	10 時 /15 時	10 時 /15 時	
換線	10. 每次出貨箱數	1~2 箱	1~2 箱	1 箱	
	11. 每班換線次數	2 次	2 次	1 次	
	12. 每次換線時間	10 分	10 分	10 分	
作業	13. 節拍時間	41.5 秒 /3 小時	45 秒 /2.5 小時	27 秒 /1 小時	
	14. 總 CT 時間	260 秒	275 秒	150 秒	
	15. 最大設備時間	28 秒	28 秒	28 秒	
庫存	16. 最大庫存量	3 箱	3 箱	2 箱	
	17. 庫存天數	0.8 天	0.7 天	1 天	
編制	18. 作業員編制	10 人	10 人	10 人	
	19. 每日班數	1 班制	1 班制	1 班制	

就像是哆拉 A 夢一樣（不能說小叮噹，會有時代感），我馬上從公事包中拿出：「生產線調查表」。**如果想要改善生產線的話，就必須對產線的現況進行詳細調查，方能掌握問題的所在**。洋洋灑灑十九項的調查項目，裡面可能有些是我們無法改變的條件，例如像是交貨數量、日產量等掌握在客戶手中，但對於生產線換線時間、換線次數等卻是能夠操之在手，也能夠設法降低作業人員的配置數量與加班時間。

所以才說像生產線調查表
這樣彙整相關資訊的一覽表，是調查問題
並讓改善課題浮現的好工具。

🔒 前置作業：必要流程跟主力產品

　　面對這麼一張生產線調查表，要請大家先做好兩件事。**首先需要繪製生產流程，從材料、零件到完成品出貨為止，「可能」會經過幾道工序都應該明確的標示出來**，這邊指「可能」是因為會有部分產品不需完整工序就能完成，因此我們在流程繪製時建議完整標示。例如當我們進到製作冬粉的工廠，從頭到尾觀摩一遍後應該就能夠繪製出整個生產流程：從漏粉開始，依序是掛粉、冷凍、退冰、割粉、抓粉、烘乾，到最後的包裝作業。

　　接著，我們要填入主力產品。如果這條產線是專用線，那就只需填寫一支品項。但你問我說公司少量多樣、品項繁多怎麼辦？那麼就請遵照這兩個原則：

- **「前五大產品」**
- **「80% 佔比」**

　　如果每種產品的佔比都不高，那我們就列前五大產品即可。要是前三大產品就已經有超過80%佔比，那麼就不用硬要列前五大。**在這邊的基本概念就是「抓大放小」、「重點取向」。**

🔒 工程：瞭解產線長相

調查項目 ＼ 產品		TOP1 木柄羊角槌	TOP2 纖維柄尖尾槌	TOP3 香檳鎚	其他
工程	1. 工程數量	8 工程	9 工程	7 工程	
	2. 工程順序	❶❷❸❹❺❻❼ ❽❾	❶❷❸❹❺❻ ❼❽❾	❶❷❸❹❺❻ ❼❽❾	
	3. 組裝零件數	7	8	5	

　　透過工程數與工程順序的紀錄，我們能夠瞭解主力產品在產線中的長相如何。例如 A 產品可能需要經過流程中的 1.2.3.5.6 道工序，B 產品則是經過 1.3.5.7 道工序。你就想像是把高鐵每一個車站都繪製出，接下來探究每一班車次是站站停還是只停南港、台北、板橋、台中、高雄。

　　透過工程數跟工程順序的紀錄，讓我們能夠知道這條產線的產品製造流程複不複雜。而且如果工序跳得多，那就表示所需的搬運作業、半成品庫存會來得更多，這就有檢討、改善的可能性存在。

　　另外也請紀錄每個主力產品所需的組裝零件數量，瞭解組裝工序、零件供給的複雜程度。

🔓 生產數：瞭解產能大小

調查項目	產品	TOP1 木柄羊角槌	TOP2 纖維柄尖尾鎚	TOP3 香檳鎚	其他
生產數	4. 月平均生產數	5,200 個	4,000 個	2,600 個	
	5. 日平均生產數	260 個	200 個	130 個	

　　從月平均生產量、日平均生產量這兩個數字，我們可以知道每個主力產品一個月大致需求有多少，同時也可以知道日平均產量有多少。

　　有些人可能會問說：「老師，這兩個數字有什麼差別？如果我一個月要做 2200 件，一個月生產天數 22 天，不就一天 100 件而已。為什麼要分開填寫？」

很棒的問題，之所以需要分開填寫就是因為大部分的公司在推行精實管理之前，生產模式可能是一口氣用四天時間做完一個月的訂單量 2200 件，這樣一天生產量就是 550 件。

這樣就跟剛才計算的一天 100 件處於截然不同的狀態。透過例子說明，**希望大家能夠瞭解月平均生產量跟日平均生產量分開填寫的重要性。這樣在做改善時，我們就可以藉此討論平準化生產的可能性。**

🔒 出貨：瞭解客戶需求

調查項目	產品 TOP1 木柄羊角槌	TOP2 纖維柄尖尾鎚	TOP3 香檳鎚	其他
6. 每日出貨數量	240 個	180 個	120 個	
7. 每箱收容數量	60 個	60 個	60 個	
8. 每班出貨次數	3 次	3 次	2 次	
9. 出貨時間表	8 時 /10 時 /15 時	10 時 /15 時	10 時 /15 時	
10. 每次出貨箱數	1~2 箱	1~2 箱	1 箱	

在這邊我們要紀錄五個重點項目，分別是：

- **每日出貨數量**
- **每箱收容數量**
- **每班出貨次數**
- **出貨時間表**
- **每次出貨箱數**

有些公司都會開玩笑地說客戶的需求就像是春天後母面——陰晴不定，可能這個星期瘋狂拉貨彷彿他此生非你不可，結果下星

期突然說不要就是不要了。

這時候就要回到前面，**之所以只列入主力產品就是因為客戶對其需求也相對穩定，所以需要瞭解出貨的狀況**。不是說其他產品就是別人家的小孩死不完，而是對於企業組織來說，資源分配（人員、時間、金錢、零組件、設備）等都事關重要，主力產品因為數量佔比、客戶需求當然容易被我們掛念在心。

- **每日出貨數量**
  - 如果沒有每天出貨，那就就寫下出貨數量，備註多久出貨一次即可。

- **每箱收容數量**
  - 讓大家瞭解我們的出貨單位，如果不同主力產品有不同的收容數量，例如 A 產品一箱裝 8 件，B 產品一箱裝 7 個，這就有值得討論改善的空間。

- **每班出貨次數**
  - 透過這個調查項目，瞭解每個班次需要出貨幾次。例如八小時以內如果需要出貨四次，那麼我們就應該注意出貨碼頭的週轉、出貨人員的效率品質，甚至接下來客戶有沒有再增加出貨次數的可能（通常只會多不會少）。如果沒有每班次出貨的話，這格可略過不談。

- **出貨時間表**
  - 主力產品的出貨時間點要紀錄是幾點需要出貨，我們直接

在表單上註記時段即可。透過出貨時間表這個項目，我們可以探討不同主力產品是否會有時間重疊造成過早準備或衝突的問題，甚至也能跟客戶端協調出貨平準化一事。如果沒有每班次出貨，這格同樣可略過不談。

- **每次出貨箱數**
  - 每天出貨數量雖然明確，但對於實際出貨是個無感的數字，因此我們將其轉換成箱數會更加直覺。

🔓 換線：瞭解產線靈活性

調查項目	產品	TOP1 木柄羊角槌	TOP2 纖維柄尖尾鎚	TOP3 香檳鎚	其他
換線	11. 每班換線次數	2次	2次	1次	
	12. 每次換線時間	10分	10分	10分	

雖然說產線如果僅生產單一產品，當然稼動率高也沒有生產損失。然而市場端少量多樣的需求，驅使生產端只能提高靈活性來對應，因此換線這件事就變得格外重要。

- **每班換線次數**
  - 每個班次各種主力產品需要生產幾次，這可能會隨著每班出貨次數而連動。換線次數越多，就代表生產批量的設定越低。倒過來說，如果產品換線次數過低，就表示生產批

量過高，可能無法靈活對應客戶端的需求變化，同樣存在改善的空間。

· 例如一條貝果產線需要生產北海道牛奶、蜂蜜蔓越莓、黑糖紅豆、花生巧克力、南瓜藜麥這五種產品，每天換線一次，所以每天只生產一種產品，一次生產一個星期的訂單量，我們就先假設是 5,000 箱好了。現在如果我們能夠一天換線五次，等於五種產品每天都生產，每種產品每天就只需生產 1000 箱的量即可。

· 一天換線一次，每種口味的生產批量是 5,000 箱；一天換線五次，每種口味的生產批量則降低至 1,000 箱。結論就是換線次數與生產批量是成反比的關係。

· **每次換線時間**

· 換線時間的定義是 A 產品生產最後一個結束到 B 產品第一個良品產出為止，換線時間越長就表示產線停止的損失越大。換線次數跟換線時間一般來說會成反比，因為換線時間高，所以換線次數設定就會少；相反的換線時間低，就能夠設定較多的換線次數，因此生產批量設定就能夠降低。

🔒 作業：瞭解生產細節

調查項目	產品	TOP1 木柄羊角槌	TOP2 纖維柄尖尾鎚	TOP3 香檳鎚	其他
作業	13. 節拍時間	41.5 秒 /3 小時	45 秒 /2.5 小時	27 秒 /1 小時	
	14. 總 CT 時間	260 秒	275 秒	150 秒	
	15. 最大設備時間	28 秒	28 秒	28 秒	

作業端的細節與變化最大，但同時也是效率、成本跟品質的根源。我們要紀錄三個項目：

• **節拍時間（又稱 TT 時間）**

  ・白話文來說就是你預計用多少時間生產多少東西，那麼生產的節奏是多少。舉例來說如果 A 產品我們設定需要在兩小時內生產 1200 個，那麼兩小時（7200 秒）除以需求量 1200 個就等於 6 秒／個。就是從開線起，如果就以每六秒產出一個的節奏速度，那麼就能在剛剛好兩小時的限定時間內完成 1200 個的需求。**節拍時間就像彈奏鋼琴時的節拍器一樣，既顯示需求速度又能夠給生產速度形成標準。**

• **總單件工時（ΣCT，又稱總 CT 時間）**

  ・總 CT 時間是看主力產品要經過幾道工序，我們需要把每道工序的人工作業時間紀錄並將其加總。例如 A 產品需要經過三道工序，分別需要手作業時間 5 秒、9 秒跟 7 秒，那麼總 CT 時間就是 21 秒。

- **總 CT 時間越多就代表人員時間投入程度大，如果能夠改善 CT 時間就可以適度減輕人員投入。**另外總 CT 時間與節拍時間也能夠拿來計算理論人力配置。

- **最大設備時間**

  - 每個主力產品所經過的每道工序，將其中最耗時的設備加工時間給紀錄下來。**因為最大設備時間很有可能成為瓶頸工序，可作為後續改善時的參考。**

🔓 庫存：瞭解庫存狀況

調查項目		產品 TOP1 木柄羊角槌	TOP2 纖維柄尖尾鎚	TOP3 香檳鎚	其他
庫存	16. 最大庫存量	3 箱	3 箱	2 箱	
	17. 庫存天數	0.8 天	0.7 天	1 天	

　　站在公司整體角度來看，庫存水位高低、金額多寡會受到許多因素如價格調漲、臨時抽單等影響，但生產線調查表沒有要跟你管這個，就是很單純地只看生產線內會造成的庫存。

- **最大庫存量**

  - 針對每一個主力產品，在前面所調查的出貨次數下，最大庫存量會是多少，建議以箱為單位進行填寫。瞭解最大庫存量，讓大家能夠判斷這樣的庫存量與出貨次數、換線頻

率相比是否合適。而最大庫存量也能夠用來評估空間的使用、副資材（棧板、紙箱、紙捲、氣泡紙等）的消耗是否過剩。

庫存天數

- 最大庫存量是個絕對值，但許多企業會面對到淡旺季的需求顯著差異，如果只單看最大庫存量，那麼在淡季時的評估檢討就容易失真。將最大庫存量除以每日需求數量，就能夠得出庫存天數這個相對值。

- 舉例來說，旺季時 A 產品最大庫存量是 500 箱，旺季每日需求 100 箱，此時庫存天數為 5 天；而淡季時 A 產品最大庫存量如果是 200 箱，每日需求若是 50 箱，那麼庫存天數反而僅有 4 天。

透過庫存天數的變化，我們能夠更精準地掌握製造現場生產實力，而最大庫存量則是提醒我們在硬體方面的建置需要多大的資源，兩者都有其必要之處，請妥善運用。

🔓 編制：瞭解人員班次

調查項目	產品	TOP1 木柄羊角槌	TOP2 纖維柄尖尾鎚	TOP3 香檳鎚	其他
編制	18. 作業員編制	10 人	10 人	10 人	
	19. 每日班數	1 班制	1 班制	1 班制	

- **作業者編制**

  - 該產線目前作業者編制為幾人，**如果有生產不同產品就需要不同人數需求的話，就值得進行改善。**因為我們要想如果 A 產品需要三個人配置，B 產品只要兩個人，但 C 產品又要五位作業員，光是人員的安排調整就要耗費現場第一線主管很大的心力。

- **每日班數**

  - 每日班數就是這條產線目前是只有日班需求，還是有需要加開夜班，甚至需要三班制輪替？原則上以台灣目前就業市場情況來看，一班制、不加班會是建議的方向。因為現在願意上夜班的人跟過往相比已經減少許多，**而加班的存在就提示著我們改善的可能，因為加班不論是 1.33 倍或 1.67 倍的勞務成本支出就可能會影響產品的競爭力。**

> **要推動改善活動，最忌諱一開始看到什麼就改什麼，通過上述的調查資料，可以幫助我們考量生產線整體的均衡性後再來進行改善，追求真正的效率。**

說實話要談論工具表單的使用，對於身為閱讀者的你來說會比較辛苦，所以我會建議操作方式上就是列印出空白表單，並且以自家產線為練習對象，一邊調查也一邊練習，相信會更快更容易上手。

過去有企業夥伴問我「老師，如果我們單看生產線調查表是否就可以找出問題？」當然可以，不過有兩個前提條件在。**第一個是調查人員與管理者對於該產線已有改善想法，透過生產線調查表是用於將現況更加明確化（數據化）**。例如現有庫存是 4 天，我們希望今年底可以降到 2 天的水準。

另外就是**將對象產線的調查數據拿來跟廠內其他同類型產線、其他產品、其他部門做橫向比較**。例如為什麼同樣生產門框的產線，我們在台灣需要配置 10 個人，每日生產 1,000 台？而在泰國卻只要配置 9 位作業員，每日生產 1,080 台呢？這種橫向比較也是實務上常用的生產線調查表活用方式。

以上兩種改善方式提供給各位讀者們做參考，有「練」才能夠學「習」。

3-3

「老闆說要有整體觀，但改善要怎麼著手？」用工程別能力表瞭解瓶頸所在

凱馨實業，作為年營收十億級別的台灣大型土雞電宰廠，相信作為讀者的您可能在超商量販通路、高級餐廳、報章媒體間都曾吃過、聽過他們家的產品：桂丁雞。在 2014 年成功育種後，2016 年就入選國宴食材，甚至在 2020 年更推出有機環境、180 天飼期，希望並肩歐美最高級雞肉「布列斯雞」的頂級雞種「帕修斯雞」。以上是外界所能窺探的隻字片語，然而跟凱馨實業合作已經近五年的我，更希望來談談他們在精實管理方面所做的努力。

對於很早就跨入雞隻分切市場的凱馨實業來說，在推動精實管理時很大的一個挑戰就是生產流程非常長，不論是哪個單位的經理、課長都很難一窺全貌，彷彿就像佛教經典故事《盲人摸象》般有的人以為是稿紙、綽號「大食客」的朋友會說像是綠豆糕……（等等錯棚了，這明明是國中課文《雅量》）。

總而言之，當總經理希望大家看問題要有整體觀的時候，我們究竟能怎麼改善呢？

> 在一開始作為顧問的我
> 就介紹並要求大家使用一種工具
> 來瞭解生產流程的差異與瓶頸所在，
> 這工具就叫：「工程別能力表」。

　　什麼是工程別能力表？如果你小時候曾經看過日本綜藝節目《火焰挑戰者》的熱門單元「小學生 30 人 31 腳」(改良自兩人三腳)，就知道這是個需要團隊合作配合的活動，比賽從裁判槍聲響起開始，當最後一位隊員的身體衝過終點線時才停止計時。所謂的工程別能力表就像是我們獨立去量測每一位小學生的 50 公尺跑步成績，藉此瞭解每一位隊員之間的實力差距，才知道後續改善的瓶頸在哪？要怎麼訓練？可以怎麼組合搭配隊員？

　　工程別能力表，簡單來說它是用來檢視單一產品在不同工程間加工時，各工程所具備的生產能力一覽表。 在這張工具表單上，我們需要詳細紀錄每個工程的人工作業時間、設備加工時間、刀具更換或檢查等附帶作業時間，就能夠知道每道工程的生產能力。藉此找出瓶頸工程，並知道是設備還是人員問題，作為改善依據。

🔓 工程別能力表：填寫方式

這張工具表單需要填寫的欄位不少，但是透過我的解說，你會發現它的邏輯架構很簡單，就是各個擊破去瞭解每個工程的所需時間與內容，我們就能藉此找出病徵加以改善。

再次強調，**這樣的表單工具是「現狀調查」用，至於後續的「問題解決」還是需要藉由人員的智慧、創意與行動三者並行才有機會改變**。接下來我們就開始吧！

產品名稱 ___G101___

產線名稱 __球類產品專線__

工程別能力表

調查日期 2021 年 07 月 1 日

填寫人 ___高銘澤___

工程編號	工程名稱	單件作業工時			附帶作業工時		時產能
		人員作業（秒）	設備加工（秒）	總時間（秒）	頻率（秒）	作業時間（秒）	
1	擺盤	5"	—	5"	40	20"	654 盒
2	包裝機	2"	2"	4"	1,500	50"	892 盒
3	金檢機	—	4"	4"	—	—	900 盒
4	貼標機	—	4"	4"	2,000	60"	893 盒
5	檢查裝箱	2"	—	2"	18	6"	1,542 盒

1. 填寫生產所需的工程名稱

第一步我們需要做的事情就是先填寫我們要調查的產品，這很重要！工程別能力表是針對單一產品的調查，如果這條產線同時負責多樣產品的生產，那就需要分開填寫不同的工程別能力表，因為每個產品需要經過的工程、所需的作業時間等條件都不盡相同。

再來要寫下該產品依照生產順序經過的工程名稱，如果有需要透過設備加工，那就請寫下設備編號或名稱。實務上有些大家填寫上比較容易卡關的問題，我也在此先一併寫出：

- 同一道工程如果以兩台以上設備進行加工，那麼請分開紀錄個別機台的生產能力。
- 同一台設備如果同時加工兩個以上產品，請明確標示（例：一模兩穴等）

2. 紀錄各工程的人工作業時間

接下來將每一道工程的人工作業時間填進表格，這邊所談的人工作業時間，我們可以分兩種型態來說。

- 如果是單純人員作業的話，那就是該工程作業員完成一個產品的花費時間。
- 如果工程有設備存在的話，那我們就只紀錄人員在設備旁完成一個產品時所投入的時間花費即可。

例如在沖壓工程作業員需要拿起材料、放入設備模具中、按下啟動鈕、拿起加工後物品、放到物料箱中，這些動作因為都是人員在做，就要計入人工作業時間，而設備作動沖壓的動作因為是設備自動完成就無需計入。

另外因為工程別能力表是把每一道工程分開並單獨檢視其生產能力，如果作業員有工程間移動的步行時間，在這邊我們就不需要將其計入，以免影響我們對該工程的能力判斷。

3. 紀錄各工程的設備加工時間

第三步驟其實跟第二步驟相似，每一道有使用到設備的工程都需要把設備加工時間填入表格。這邊所指的設備加工時間係指每一回機械設備從啟動時間開始到設備停止為止的時間。例如前面舉例的沖壓設備，若要紀錄其設備加工時間，那就是從人員按下啟動鈕開始、設備作動沖壓到復歸原點停止的時間。

那如果設備是連續式設備不停止，例如像是連續式烤爐或是連續式封膜包裝機之類的，那針對設備加工時間就是單一個產品的經過時間。

4. 加總各工程的單件完成時間

這個步驟就非常簡單，把人工作業時間與設備加工時間相加就得出各工程的單件完成時間。

截至這邊為止，其實大多數企業的生產管理相關人員都會觀測、紀錄甚至計算，因為擁有單件完成時間，我們就能夠推估每小時的產能、每班產能。

但工程別能力表之所以與眾不同，或者說它如何具備整體觀，就先讓我們繼續看下去。

5. 紀錄附帶作業

進入第五個步驟，要請大家填寫兩格資訊：

- **附帶作業的更換頻率**
- **附帶作業的更換時間**

先定義一下什麼是附帶作業，就是為了生產需求而必須要做的附帶事項（很像在講廢話），**這些工作並不是伴隨每一個產品產出而出現，它可能是做一定數量後或一定時間才會需要的工作。**例如換箱作業、換膠卷、換刀頭、定期檢查等工作都屬此類。

舉例像是每生產 200 個產品就需要拿一個做試漏測試，做一回試漏需要花 300 秒的時間。那麼我們就在更換頻率這格填上 200個，在更換時間這格填上 300 秒。

當然曾有人問我說如果沒有固定的更換頻率那怎麼辦？如果貴公司的產線附帶作業沒有固定頻率可循，我們就建議自行抓一個概估值作為標準即可。又或者應該先檢討附帶作業真的無法標準化嗎？

6. 計算各工程的生產能力

這邊我們就要正式進入計算的步驟，在上一個步驟中我們紀錄了更換頻率與更換時間：

因此我們就可以算出平均單件產品的附帶作業時間，也就是把更換時間除以更換頻率。

例如 300 秒的更換時間、每 200 個要更換一回，那麼平均單件產品的附帶作業時間就是 300 秒 ÷200 個＝ 1.5 秒／個。

接下來再加上我們在第四步驟知道的單件完成時間，相加起來就等於真實的單件完成時間。

而各工程的生產能力，我們就以每小時來看。如果某工程的單件完成時間是 18.5 秒，加上附帶作業的 1.5 秒就是 20 秒。一個小時 3600 秒除以 20 秒，等於 180 件：「也就是這個工程具有一小時生產 180 件的生產能力」。

在台灣科技業的輔導經驗中，我很喜歡一個用語叫「產能水管」。在這個步驟我們可以試著把各個工程當作水管，計算出生產能力就代表著我們能瞭解每個水管的水能開多大。

$$單件產品的附帶作業時間 = \frac{附帶作業花費時間}{附帶作業發生頻率} = \frac{每次花費約 300 秒}{每 200 回生產需做一次}$$

$$= \frac{300 秒}{200 回} = 1.5 秒／回$$

$$每小時產能 = \frac{3,600 秒}{單件產品的生產時間 + 單件產品附帶作業時間}$$

而不同工程的生產能力差異，就可能會造成瓶頸站。

我們可能看到整條產線有五個工程
每小時產能超過 1200 件，
但卻會因為一個時產能 800 件的工程而卡關，
整條產線就跟著以 800 件時產能的成績產出。

所以在各工程的生產能力計算並填寫完畢後，**記得在最上方欄位紀錄各工程中生產能力最低的數字是多少，作為後續改善的參考。**

整體產能概念解說

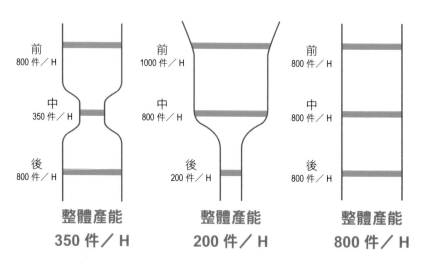

🔓 工程別能力表：管理問題提出

到這邊先讓我恭喜各位已經順利完成工程別能力表的繪製。接下來我們就要進入實戰應用篇，如何比老闆看得更整體，卻也能更仔細。以下有七個可以檢討的切入點讓各位參考：

▌工程別能力表

產品名稱 ＿＿＿＿＿＿　　調查日期 ＿＿年＿＿月＿＿日

產線名稱 ＿＿＿＿＿＿　　填寫人 ＿＿＿＿＿＿＿＿

工程編號	工程名稱	單件作業工時		總時間（秒）	附帶作業工時		時產能
		人員作業（秒）	設備加工（秒）		頻率（秒）	作業時間（秒）	
E		**C**			**D**		**A B F**

A. 瞭解產線整體與各工程的生產能力是多少？

透過工程別能力表，我們能夠瞭解各工程的生產能力有多少，同時也能夠瞭解整條產線的生產能力有多少。**如此一來就不會只從單點視角看問題，而能夠瞭解前後工程乃至於整條產線的關係情況。**

201

B. 客戶需求的生產數量，能否在需要的時間內完成？是否有瓶頸站存在？

透過客戶的需求量與我們預排的生產時間，就能夠知道每小時的需求量是多少。將每小時需求量與工程別能力表的生產能力做比較，**就能知道該產品是否能夠在預定時間內完成。如果不行的話，那麼目前生產能力不足的工程又是哪一個或哪幾個都能夠清楚知悉。**

C. 瓶頸站的原因是來自於「設備加工時間」還是「人員作業時間」？要從哪下手？

如果有瓶頸站存在，由於我們也透過工程別能力表先行掌握設備加工時間與人員作業時間。因此在改善時，我們能夠知道從何處下手會比較容易完成或有效。

D. 附帶作業的佔比會否影響生產能力？

如果附帶作業的比重過高，就代表作業人員的時間常常需要被瓜分，進而影響實際生產能力。給大家一個參考指標，**如果附帶作業的佔比高於整體生產時間的 20% 以上，那麼我們就要進一步思考如何透過改善去減少附帶作業的時間**，又或者是否能夠以專人負責附帶作業來提高生產能力。

E. 能夠依此為根據，檢討作業人員的分工範圍是否恰當？

同時我們也可以工程別能力表為基礎，因為我們知道客戶的需求產能，也瞭解自身的生產能力以及各工站的生產時間。**雖然設備無法移動，但我們可以來檢討人員的分工範圍是否恰當？**例如連續幾站的生產能力很高、手工作業時

間又短，那麼我們就能檢討不需要一人顧一機的配置，而能夠討論一人顧多機的配置方式，以達到省人的效果。

F. 如果產量需求增加時，會影響哪些工程需要進行改善？

前一點我們討論人員配置的可能性，**在這邊我們也能夠透過工程別能力表模擬或預測如果產量需求增加時，會影響到哪些工程？**這些工程是否有需要加派人手以縮短人工作業時間，或者是設備瓶頸需要調整或增購設備才能應付。

因為有工程別能力表的存在，現在的凱馨實業從雞隻進場的電暈、燙毛、屠宰到包裝線最後的封膜、裝箱都能夠清楚知道每小時產能，上至總經理下至課長級，都能夠靈活運用這些工具表單去因應每個月需求訂單的不同，而做出調整與改善工作。

希望透過這樣的解說，也能夠讓大家帶回去自己公司應用。加油！

3-4

「老師，多人作業的分工依據是什麼？」
用山積表讓每個和尚有水喝

2019 年的夏天，我正在東南亞某國的印刷包材工廠裡，有近三十位作業員正在數張大長桌拼成的組裝線上賣力地折盒、裝內襯、放說明書、貼貼紙、放上蓋與最後外觀檢查的工作。然而作為市場上的後進者，他們在產線管理上相對缺乏經驗，作為接班二代的 Kevin 透過朋友引薦與我聯繫，希望我能夠協助他們透過精實管理來消除浪費、提升效率。

因為他們除了面臨到國際大廠每年降成本的壓力外（誰說歐美大廠就不 cost down 了？明明就更狠！），市場環境面由於東南亞新興國家的蓬勃發展，工資每年以超過 10% 的幅度增長，還要應付相同工業區內不同廠商間的挖角。

前端的裁切、印刷、覆膜、收邊工序全部以自動化設備進行生產，唯有後端的組裝作業因為產品樣式的複雜度，目前仍須依靠大量人工來負責。現在假設你身為顧問，你要怎麼協助組裝工序做到效率提升，甚至能夠低減人力的目標呢？

🔓 改善切入點：人員等待或半成品庫存堆積

Kevin 向我介紹完整體生產工序後問我說：「顧問，你覺得組裝線有沒有機會改？我們真的很缺工，但訂單一直趕不太出來，都靠加班硬撐。」我微笑回覆說：「來之前我可能還不敢說，但看到現場作業方式後，我相信一定可以。」

Kevin 臉上一臉疑惑，因為他覺得組裝線看起來就像是家庭代工，每個人手法嫻熟、武藝高強，公司管理層們也試圖改過幾次但總不得其門而入。我耐心地向他解釋為什麼一定可以改，我說：「對於這樣多人產線，我會透過兩個現象來看有沒有改善機會。」

- **一個是觀察裡面人員是否有等待時間在。**
- **另外一個就是觀察產品是否在其中有庫存堆積情況。**

「現在這幾條產線剛好有符合上述情況，所以一定有機會改善的。」

看到 Kevin 點點頭，我接著解釋因為組裝線上每個人負責不同作業，而且有著前後關係。

> *如果前工序的產出速度快於後工序，*
> *那麼就會出現半成品庫存堆積的情況；*
> *相反若前工序產出速度比後工序來得慢，*
> *反而會造成後工序作業員有等待時間。*

🔒 工具說明：山積表

　　必須說，並非我當顧問要裝高大上，但對於製造現場的臨場判斷反應是需要時間才能積累出來的。但如果要做更完整多人作業的工作配置、個人作業的作業分析，我要教大家「山積表」這個非常簡單而好用的表單工具。

　　山積表的目的是將每一位作業員的時間觀測結果以視覺化的方式表現，我們可以從中看到作業員之間單回作業時間差異、同一位作業員的時間差異以及附帶作業的影響。接下來，我們將分成六個步驟來繪製山積表。

- 步驟 1：

　　紀錄生產線名稱、作業員人數、調查日期。

產線名稱	門鎖專線	山積表	調查日期	2021年7月11日
作業人數	3人		調查人員	魏立多

- 步驟 2：

　　透過時間觀察，紀錄每一位作業員的工作時間。

時間調查

人員	作業時間 （Min）	作業時間 （Max）	附帶作業 時間	附帶作業 頻率	單件附帶 作業時間
A 員	15"	18"	—	—	—
B 員	12"	12"	300"/回	100個/回	3"
C 員	20"	20"	250"/回	250個/回	1"

小叮嚀：有三個必要項目，分別是 CT（單件的人員作業時間）
的最大值、最小值還有附帶作業時間。

- **步驟 3：**

將每一位作業員的個別 CT（單件的人員作業時間）的最小值
繪製成長方圖。

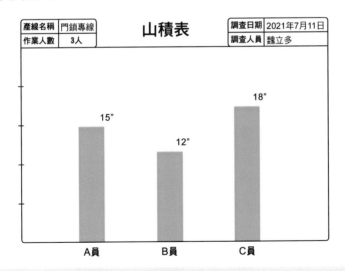

產線名稱	門鎖專線	山積表	調查日期	2021年7月11日
作業人數	3人		調查人員	魏立多

A員　15"　　B員　12"　　C員　18"

小叮嚀：若同時有多位作業員負責相同工作，則要分別繪製
柱狀。兩個人就兩條 ... 以此類推。

- 步驟 4：

將 TT（單件需求工時，又稱節拍時間）以橫線貫穿整張山積表。

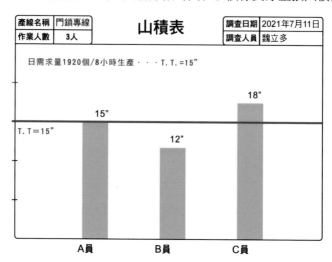

| 產線名稱 | 門鎖專線 | 山積表 | 調查日期 | 2021年7月11日 |
| 作業人數 | 3人 | | 調查人員 | 魏立多 |

日需求量1920個/8小時生產‧‧‧T. T. =15"

小叮嚀： TT 節拍時間 = 預計生產時間 ÷ 需求數量。我們預計用多少時間生產多少東西的生產節奏。舉例來說，A 產品設定在兩小時生產 1200 個，那麼兩小時（7200 秒）除以需求量 1200 個就等於 6 秒 / 個。

從生產開始起，以每六秒產出一個的節奏產出，就能在兩小時的限定時間完成 1200 個的需求量。

實務上，TT 時間（節拍時間）就像彈奏鋼琴時的節拍器一樣，既顯示需求速度又能作為生產速度的管理標準。

- 步驟 5：

把每位作業者的 CT（單件的人員作業時間）的最大值累加在柱狀圖頂端右側。

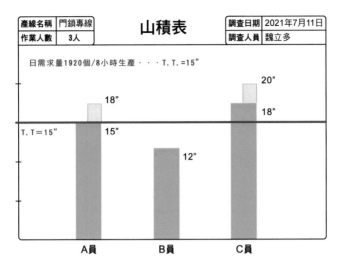

- **步驟 6：**

把每位作業者的附加作業時間累加在柱狀圖頂端左側。

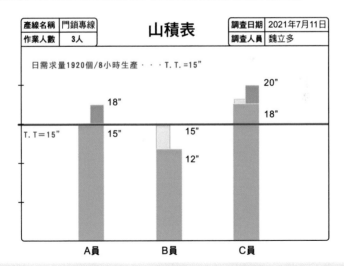

小叮嚀：以生產一單位所分攤的附加作業時間為主，例如每生產 30 件就需要抽測一件，而抽測一件費時 60 秒，那麼生產一件所分攤的附加作業就是 60 秒 ÷ 30 件 = 2 秒。

山積表的四大觀測點

> **還是需要再強調一次，山積表
> 並非解決問題的方法，而是發現問題的工具。**

但就如同吉德林法則（Jidelim Law）所述：「Writing out the problem clearly is half done.（當你把難題清楚地寫出來，就已經解決了一半。）」本書就以這張山積表範例來跟大家說明並應用。

• 加班或餘裕？

在山積表中，我們對於每一位作業員時間認知都有清楚的準繩，那就是以紅色橫線貫穿整張圖的 TT（單件需求工時，又稱節拍時間）。我們能透過這條 TT 紅線一一去判斷每位作業員在現有工作配置的具體情形。

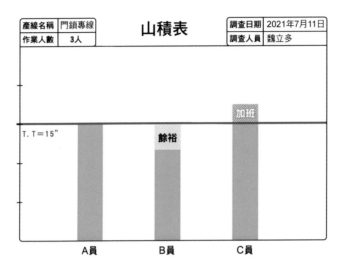

| 產線名稱 | 門鎖專線 | 山積表 | 調查日期 | 2021年7月11日 |
| 作業人數 | 3人 | | 調查人員 | 魏立多 |

如果單件的人員作業時間（CT）大於單件需求時間（TT，節拍時間），代表未經改善的情形下會造成整條產線的加班問題，因為該員的生產節奏無法應付客戶需求。同時也會造成下一位作業員的等待情況。**這時候我們能做的事情就是徹底觀察該名作業員的工作，尋求作業時間縮短的改善。**

若是單件的人員作業時間（CT）小於單件需求時間（TT，節拍時間），則代表該作業員的生產能力大於客戶需求，在未經改善的情形下不僅沒有加班問題，反而還會有餘裕時間存在。**這時候我們所做的改善則是尋求與其他作業者間的工作重分配。**

- 截長補短

如果在相同 TT 時間下，不同作業者間存在著
TT 大於 CT，或者 CT 大於 TT 的情況。
那麼我們可以下手的改善就是進行作業員間的
工作範圍重分配。

設法將超出範圍的時間填補至低於 TT 的人身上，這樣的做法
是追求所有作業員最有效率的時間整合運用方式。

用個很簡單的方式來印證截長補短的效果，例如改善前有條產
線是三人作業，A 員作業時間 12 秒、B 員作業時間 20 秒、C 員
作業時間 13 秒。如果未作任何改善，那麼每小時的產出量是 180
件，因為 B 員是產線的瓶頸點所在。

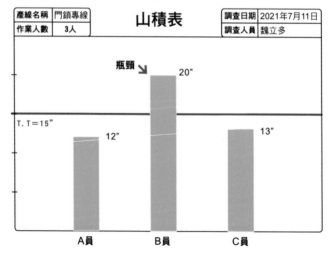

$$產線每小時產能 = \frac{3600''}{20''} = 180個$$

$$客戶需求速度 = \frac{3600''}{240個} = 15''/個（節拍時間）$$

$$產線每小時產能 = \frac{3600''}{15''} = 240個$$

然而如果客戶需求是一小時 240 個，我們可以換算成一小時 3600 秒除以 240 個 = 15 秒 / 個的節拍時間。接下來我們的改善目標就是：

- B 員要縮減 5 秒鐘的作業到 15 秒的水準。

- 多出來的 5 秒鐘能夠撥出 3 秒給 A 員使他也是 15 秒的 CT。

- 另外 2 秒則設法撥給 C 員，同樣也是 15 秒的 CT。

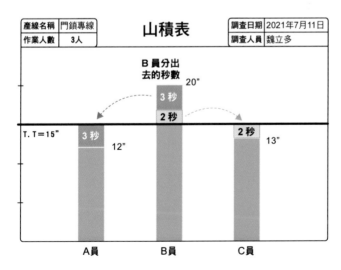

如此一來三位作業員都是 15 秒的生產節奏，就達到平準化的效果。

而每個人都是 15 秒的工作編制，相較於改善前每小時 180 件的產出，可以變成 240 件產出，效率整整提升 30％以上。

截長補短對於改善來說最大的好處就是我們本質上沒有改變任何工作方式，只是單純透過時間重分配就達到效率提升的效果。 請大家務必看完書後可以實際操演看看。

• 個人不一致

除了不同作業者之間的差異外，同時我們也可以利用山積表看到同一位作業者的作業時間差異，柱狀右上角的範圍清楚標記其最大最小值差異。如果時間差異越大，我們可以從兩個方面著手進行改善：

- **一個是人員熟練程度。**
- **另外則是作業難度所造成的不平準現象。**

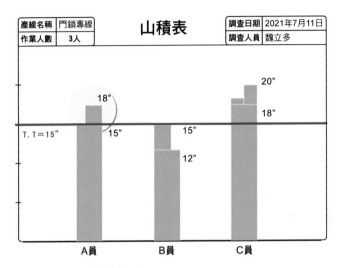

個人不一致的可能原因

❶ 熟練程度 ▶ SOP 建立，教育訓練強化

❷ 硬體裝置 ▶ 物料精度、治工具改善

　　例如治具裝入需要特殊角度、零件公差忽大忽小、組裝角度不易等都會影響作業時間。而這樣的差異就變成我們改善的重點，**因為同一位作業者無法穩定輸出，不一致的現象就會讓整條產線時好時壞，不可不慎。**

• 附帶作業影響

　　最後我們還能透過山積表看到附帶作業對於作業者的影響，例如 B 作業員 12 秒的 CT 時間，卻要負擔 3 秒的附帶作業，那就代表這位作業者可能每經過一段生產後就會離開工作崗位好幾分鐘，那就就容易造成前面工序的庫存堆積或是後面工序的等待時間。

通常我們會建議附帶作業的時間佔比
應在 CT 時間的 20% 以下，
會是相對比較健康的生產模式。

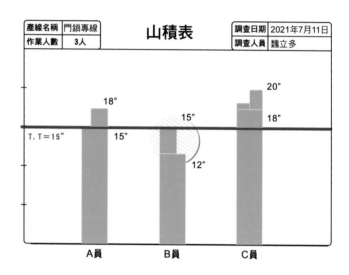

| 產線名稱 | 門鎖專線 |
| 作業人數 | 3人 |

山積表

| 調查日期 | 2021年7月11日 |
| 調查人員 | 魏立多 |

T. T = 15"

18"

15"

15"

12"

20"

18"

A員　　　　B員　　　　C員

附帶作業的影響

❶ 人員會暫離造成生產的損失

❷ 半成品庫存堆積或人員等待

❸ 可以「備料人員」取代其附帶作業

例如今天產線三名作業人員，**我們調查後發現附帶作業為 CT 時間的 40%，也就是放大來看三名作業員各自在一小時作業當中有 24 分鐘在進行附帶作業，這時管理者就應該採取些動作。**

要嘛我們要設法改善附加作業使其縮短，例如過去封箱作業是人員持膠帶進行，可能每 10 盒就要做一次，有公司就會導入自動封箱設備節省這項附帶作業。不然就是要設法把附帶作業的工作委託給專人（常見稱謂：備料人員、物流員、水蜘蛛）處理。透過這位專門的人員編制，減少作業員處理附帶作業的時間損失，也不會影響到正常工作。

回到文章開頭的印刷包材工廠，我們在三天的時間裡將三十位同仁的工作進行時間觀測，並且依照作業順序繪製產線的山積表。透過上述的四種問題點提出，讓管理者們能夠順利的找出問題並一一解決。

兩個月過後，我們成功地用 22 位作業員取代原本的 30 人作業，同時帶來更好的產量與效益。這就是山積表簡單而暴力的分析，帶來最直接的好處。請大家務必要在工作中經常使用，謝謝！

3-5

「人員的改善要從哪開始？」等待浪費、交期延誤與標準作業組合表

　　過去幾年不論是在無錫、上海或是福州等城市，總是在汽車零組件業、電子裝配業的製造現場協助產線提升效率、消除浪費。某一回出差旅程，我在冬天氣溫接近零度的湖北，正在指導組裝線的人員工作分配範圍，因為看到前後工程間人員有等待的現象，所以就將前面一位作業員的塗接著劑工作交給後面一位。在試行幾次順暢後，我就繼續到第二工廠指導去了。

　　隔天我再次回到這條產線，組長是個平頭微胖的中年男子，穿著深藍色的制服外套笑嘻嘻的對我說：「報告顧問，昨天您提點過後，我們照著做，就發現這樣每小時產量從 217 件進步到 230 件。」說完還向我比了個大拇指。然後組長又繼續說了：「不過我想要請教顧問，你怎麼知道誰快誰慢，而且還能直接分配作業呢？這算顧問的經驗嗎？」我笑了笑說到：「其實除了用經驗來看，還有更適合的管理工具表單可以使用喔！」

　　於是我們接下來就要來談「標準作業組合表」以及它的使用時機與檢討方法。

產線名稱	FA3 線				標準作業組合表				調查日期		2021 年 7 月 1 日			
產品名稱	FA315								製作者		高忠右			
									節拍時間		25"			

編號	作業項目	時間			10	20	30	40	50	備註
		手作業	設備	步行						
1	取材料 1 號機平面切削	5	4	1						
2	2 號機 鑽孔	4	8	1						
3	3 號機 攻牙	3	7	1						
4	4 號機 倒角	5	5	1						
5	5 號機研磨 完成入箱	2	6	1						
6										
7										

19 等待時間 **5**

TT=25 秒

標準作業組合表是以單一作業員為單位，透過視覺化方式把作業人員的動作順序、動作時間給註記清楚的表格，這當中就包含：

• 人工作業時間與步行時間。

• 另外由於在圖表上需要標示單件需求時間（TT，節拍時間），所以我們也能知道一位作業員在需求時間的節拍內能夠兼顧多少工作或機台。

• 而在標準作業組合表中，我們也需要填寫設備加工時間（指設備開始自動運行至停止的單件時間），藉此用來確認作業員這樣的作業組合是否恰當？會不會讓作業員發生等待的浪費。

219

🔓 標準作業組合表：製作步驟

- **步驟一：產線基本資料**

在第一步我們要先紀錄產線的基本資料，其中包含圖表作成日期、填寫者，讓後續使用者能夠知道這份圖表是由誰負責製作，並且知曉這是什麼時間點的資料。

再來就是填寫產線名稱、生產產品，還有這份標準作業組合表是該產線第幾位作業員（例如產線五位作業者當中的第二位，可簡寫成 2/5）。**再次強調因為這份表單工具的主體是「單一作業員」，為避免混淆就要紀錄清楚。**

產線名稱	FA3 線	**標準作業組合表**		調查日期	2021 年 7 月 1 日
產品名稱	FA315			製作者	高忠右
				節拍時間	25"

編號	作業項目	手作業	設備	步行	時間 10 20 30 40 50	備註
1	取材料1	5	4	1		
2	3塑膠 鑽孔	4	8	1		
3	3塑膠 邊緣	3	7	1		
4	4塑膠 倒角	5	5	1		
5	完成人箱	2	6	1		
6						
7						

19　5　　　TT=25 秒

產線基本資料

❶ 寫下產線及產品名稱

❷ 紀錄調查日期、圖表製作者

❸ （／）則用於表示多人配置產線中該圖表紀錄的為哪位作業者？

● 步驟二：節拍時間設置

在表單上寫下必要數並計算出節拍時間，並將該秒數以紅色虛線方式直接繪製在時間軸上。透過這條紅線，可讓整個標準作業組合表的視覺效果、改善檢討都能有個定錨點在。讓大家透過時間都能清楚知道我們的目標為何。

在這裡也再次說明何謂節拍時間（TT，單件需求時間）？所謂節拍時間就是我們透過客戶在固定時間內的需求量去算出生產節奏，例如客戶需求 360 個，我們規劃以兩小時進行生產，那麼節拍時間就是兩小時 7200 秒除以 360 個＝ 20 秒。

這背後所代表的意思就是如果從第一小時開始每 20 秒就產出一個，那麼在第二小時的最後一秒就能夠剛好完成 360 個的需求。

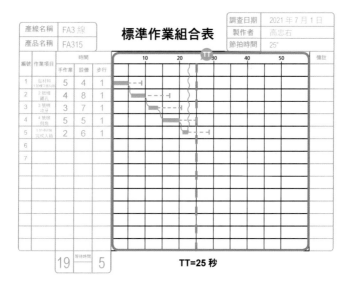

節拍時間設置

❶ 以「虛線」繪出該產品節拍時間的位置

❷ 可做為改善定錨點，分辦改善重點

221

- **步驟三：作業順序與內容**

　　接下來請以受測的作業者為主體，將現有的作業項目進行編號，並依照實際作業的先後順序填寫。作業項目不用拆解到作業要素，而是以能夠讓觀測者清楚區分不同工作的程度為止。

- **步驟四：填入作業時間**

　　作業時間的填寫可從前面提過的「工程別能力表」以及「時間觀測」兩個圖表工具轉記即可。但這邊還是分成人工作業時間、設備加工時間與步行時間三項來說明：

- **人工作業時間：請填寫人員的單回作業時間，如果有邊走邊做的工作時間，則請以括號註記。**
- **設備加工時間：請填寫設備單回自動運轉時間，如果該工程沒有設備，則請標記（一）。**
- **步行時間：請紀錄人員結束作業移動到下個工程或拿取歸還零件、工具等的步行時間。**

產線名稱	FA3 線				標準作業組合表	調查日期	2021 年 7 月 1 日
產品名稱	FA315					製作者	高忠右
						節拍時間	25"

編號	作業項目	時間			10　　20　　30　　40　　50　　備註
		手作業	設備	步行	
1	取材料 1 號機平面切削	5	4	1	
2	2 號機 鑽孔	4	8	1	
3	3 號機 攻牙	3	7	1	
4	4 號機 倒角	5	5	1	
5	5 號機研磨 完成入箱	2	6	1	
6					
7					

等待時間　19　5

TT=25 秒

填入作業順序、作業內容與時間

❶ 請以受測作業者為主角，將其作業內容依照作業順序及
作業項目分別填寫

❷ 分別填入該作業項目的人工作業時間、設備加工時間與
步行時間

- ### 步驟五：在時間軸上繪出視覺線圖

接下來就是標準作業組合表的重點，在一個完整的時間軸上藉由線圖呈現人員作業順序、作業範圍與節拍時間的關係。

具體繪製時，人工作業時間請用粗實線、設備加工時間請用虛線、步行時間則是波浪狀細實線連結。若有等待時間發生則以左右箭頭 標示。

標準作業組合表

TT=25 秒

在時間軸上繪出視覺線圖

❶ 每個作業項目先繪製人工作業時間（以實線表示），再繪製設備加工時間（以虛線表示）

❷ 不同作業項目間若有步行移動的時間在（以波浪狀細實線表示）

❸ 每個作業項目在時間軸上依先後順序接續

例：作業 1 完成在第 35 秒，步行花費 2 秒，就是第 36.37 秒，而作業 2 需花費 20 秒，就是第 38 秒到 58 秒的時間

這個步驟有必要詳加說明，我們就以三個基本情況來做示範。

- **基本型：**

  - 在設備沒有瓶頸，作業員的循環作業時間等於節拍時間的型態。代表作業員的工作配置理想，不會產生浪費。

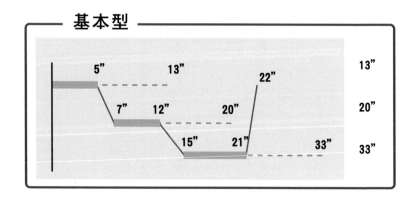

基本型

編號	作業項目	時間		
		手作業	設備加工	步行
1	×××	5	8	2
2	△△△	5	8	3
3	○○○	6	12	1

• **人等設備的等待：**

‧ 因為工程中存在設備過長的加工時間，簡單來說例如 A 員
要負責三個工站的作業，結果第三站設備加工時間非常
長，長到 A 員又做完第一、二站後回到第三站前面發現
「咦？怎麼第三站還沒加工好？」這就是設備瓶頸造成的
人員等待。

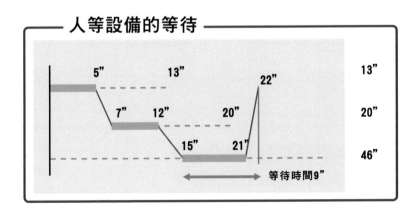

225

編號	作業項目	時間		
		手作業	設備加工	步行
1	XXX	5	8	2
2	△△△	5	8	3
3	OOO	6	25	1

此圖表示該名作業者進行完3作業後重複進行編號1、2作業，但移動至3作業時，該作業的設備加工時間仍未結完，該作業者有「人等設備」的時間9秒

- **低於節拍時間的等待：**

  - 人員的循環作業時間低於節拍時間，因此產出速度會大於節拍時間，意即完成時間會快於需求時間，人員可能會有閒置情況或需另外安排工作避免浪費。

低於節拍時間的等待

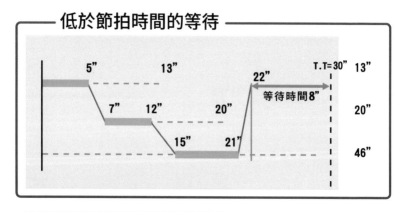

編號	作業項目	時間		
		手作業	設備加工	步行
1	XXX	5	8	2
2	△△△	5	8	3
3	OOO	6	15	1

此圖表示該名作業者完成作業123的循環作業後，與節拍時間有8秒的差距，代表該作業者的工作範圍可重新調整

🔓 標準作業組合表：檢討重點

從前幾篇的表單工具應用開始，我們先聚焦用「時間觀測」確認每位作業員的工作真實記錄，用「工程別能力表」瞭解不同工站的加工能力為何，用「山積表」來比較同產線不同作業者間的時間差異，希望作為改善的根據。而接下來的「標準作業組合表」就是用來檢討單一作業員在節拍時間下的作業順序、工作範圍是否恰當，或是該如何調整。

對於作業人員的改善，我們重視其工作與時間的關係，畢竟公司支付工資買員工的時間，工作如何安排就會影響時間運用的效率，也就等同於公司資金運用的效率。接下來我們就來談談從標準作業組合表可以檢討哪些重點呢？

• 是否有合理作業量？

每位作業員完成一件產品的循環作業時間（CT），是否跟產品的需求節奏（TT）相同呢？會有三種可能的情況，分別是：

- **CT 等於 TT**，代表人員的作業能夠符合需求節奏，不早不晚剛剛好的完成。
- **CT 大於 TT**，代表作業時間大於需求節奏，**應儘早改善，否則會造成加班。**
- **CT 小於 TT**，代表工作會在需求時間以前完成，**建議重新修正人員的工作範圍，以免效率損失。**

- **是否有適當的作業組合？**

　　檢視過作業量後，肯定是有問題才需要進行改善。在這裏我分別提供給三種情況的改善查核項目讓大家自行檢視，屆時再依照各公司實際狀況調整即可。

- **情況 1：CT 大於 TT，需要加班的情境**
  - 確認作業員是否有人等設備的時間，進行設備加工時間縮短的改善
  - 同時檢視前後作業員的工作內容，是否可分攤部分工作給前後作業員
  - 確認人員的人工作業時間，是否有優化空間
  - 步行時間也是可以改善的重點，包含設備機台位置、作業順序等都可被檢討

- **情況 2：CT 小於 TT，會有人員效率損失的情境**
  - 同時檢視前後作業員的工作內容，是否可協助前後作業員的工作
  - 對於整體產線的人員需求，重新試算並規劃

- **情況 3：CT 等於 TT，但存在人員等待時間浪費的情況（與情況 2 檢討項目相同，但情況 2 較迫切）**
  - 同時檢視前後作業員的工作內容，是否可協助前後作業員的工作
  - 對於整體產線的人員需求，重新試算並規劃

標準作業組合表：變形應用

最後我想分享我自己在顧問工作中，經常使用「標準作業組合表」的變形來解決許多企業問題。

> *它之所以好用的最大理由就是有一個*
> *「共同的時間軸」，我們可以透過這個時間軸*
> *來檢視工作、流程的先後順序關係、*
> *細項的耗時長短、連接的關係變化等。*

• 多人產線的換線作業改善

這邊我就舉一個我最常使用的變形應用：多人產線的換線作業改善。**我們可以在相同時間軸上把不同作業員的換線作業進行比對，從而檢視是否有人員工作重新分配的可能性、單項作業過長的是否可從一人作業改成兩人作業等。**

改善前換線工時：139.5 分

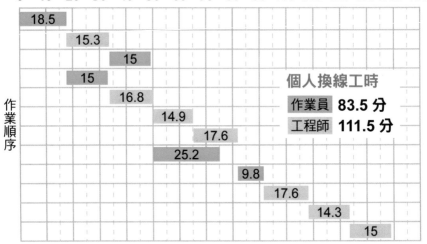

```
0  10  20  30  40  50  60  70  80  90  100 110 120 130 140 150
```

作業順序

18.5
15.3
15
15
16.8
14.9
17.6
25.2
9.8
17.6
14.3
15

個人換線工時
作業員 **83.5 分**
工程師 **111.5 分**

改善後換線工時：114.4 分

18% ⬇

```
0  10  20  30  40  50  60  70  80  90  100 110 120 130 140 150
```

作業順序

18.5
15.3
15
15
16.8
14.9
17.6
25.2
9.8
17.6
14.3
7.5

個人換線工時
作業員 **105.3 分**
工程師 **89.7 分**

改善項目
1. 縮短單項作業工時
2. 改變工作分配方式

🔒 間接單位的流程改善

另外就是流程改善，例如產品開發試作、採購表單流程等都可以適用。

具體作法就是把該工作依照公司內部流程順序寫下，並在共同時間軸上繪出。這時我會修改標準作業組合表的時間紀錄方式，改以工作行經每個單位時會使用到的三個時間：

- **作業時間：真正使用到人力的處理時間**
- **移動時間：部門間移動的時間**
- **等候時間：移動結束到人員開始著手處理之間的空窗期**

透過不同單位部門間三種時間的剖析，我們在縮短作業流程方面就能夠有非常不錯的發揮空間。因為在竹科、機車零件廠、醫院等流程改善專案或課程，都因此看到非常好的成效，提供給大家做參考。

例：某工業產品開發試作流程
縱軸：各功能單位，如生產、採購、品管、生管、業務、會計
橫軸：共同時間軸，第一天到第十天，數字是作業、等待與移動
　　　時間

以上在這個章節，我們透過標準作業組合表的學習、應用跟變形：

希望能夠讓大家感受到「時間」單位才是衡量改善價值的代表性工具。

　　最後文章尾端要呼應開頭的組長問題：「顧問怎麼知道產線誰快誰慢？還能夠快速分配工作呢？」因為大量的練習讓我把標準作業組合表變成了肌肉記憶，我甚至可以邊看產線邊在腦海中用標準作業組合表呈現其動作順序、範圍跟節拍時間。因此，這些圖表工具的使用真的非常建議給各大企業，更希望大家能夠一起變得更好。加油！

3-6

「人就很難管啊！我也很無奈」
談標準作業的建立

. . . .

在南科某科技大廠的會議室裡，我們針對印刷電路板的製程進行討論。對話場景我還記憶猶新，還原當時對話，請大家看看是否心有戚戚焉？

「Kevin 你能不能告訴我，到底工程師的作業流程是怎麼跑的呢？」我問道。

「老師，他們大多都是先 on 上 A 機台，然後再做 B 機台 ...」Kevin 副理認真地回答。

「那這樣我們需要先收集相關的數據資料，特別是當工程師將板子 on 上 A 機台需要花費多少時間，再來 B 機台又需要花費多少時間呢？」我開始更進一步挖掘現況資料。

「可是老師我跟你說，這個很難給你資料啦。因為我們家工程師雖然都會先上 A 再來 B，但其實先 B 再 A 也沒有問題。就看個人習慣，或是看那時候 A 機台有沒有被佔用。」Kevin 雙手一攤，對於我提出的作法不置可否。

其實上面的場景精確地說明台灣依舊有許多企業，在現場第一線實務仍然無法有標準作業的產出，例如科技業的機台工程師、

肉品加工業的分切手、鍛造廠的加工人員、農產品輸送帶上的分檢人員等。你可能會想問，這些工作本質上就充滿各種變化，為什麼需要標準作業呢？

我的答案很簡單，標準作業就如同是個框架，
透過標準作業我們才能夠瞭解
循環時間（circle time），
也正因為有框架存在，我們才有突破框架的可能。

🔓 定義標準作業的三大重點

標準作業的定義究竟是什麼呢？最主要就是三個重點：

- **以人的動作為中心**
  - 因為是以人員來進行手工作業或設備操作，所以當我們在制定或改善時，標準作業就是以人為中心。根據過往的企業輔導經驗，許多初學者最容易在這邊出錯，因為過往的習慣，**企業總是較習慣於用設備機台、工序名稱作為管理的主體，往往會容易忽略到以人員為中心的準則。**

● **反覆的循環作業**

- 在以人員為主體的標準作業下，我們還要確定該作業是能夠反覆進行的。因為如果每次作業的變化性很大，例如第一回合的作業順序是做 ABC，而第二回合的作業順序則是做 ACB，那代表其重複性不高。也就是說就算制定了標準作業也無法找到改善的著眼點，更不能讓改善人員能夠清楚分辨何謂正常或異常。

● **有效率的作業方式**

- 標準作業是指以人員動作為核心，在改善期間的當下，以沒有浪費的順序進行生產。其制定過程中需要兼顧品質、產量、成本與安全。

至於許多人會問到會有「昨是今非」的問題，就是為什麼標準作業會改來改去？你可以將其想像成 iPhone 每一代不同產品，不論 6S.7.8.X 乃至於最新一代的 iPhone 12 ProMax 機型，每一代都能在當年度手機市場冠上機皇稱號。其原因那是在當下來看，你會說 iPhone 6 沒有 iPhone X 好嗎？我想大家應該都清楚這樣子就落入張飛打岳飛的困境中，不同時期的比較不存在太多意義。

在企業輔導的過程中，就如同前面提到的一樣，大家都會說：「老師，我們不像是汽車業，大家按部就班都已經分配好各自工作，標準作業真的很難。」我當然承認有些產業存在難以訂定標準的困難，例如產品驗證為主的企業，客戶送件過來的樣品不會每次都一樣，案件需要處理的時間也不盡相同；醫療產業也會說每個病人高矮胖瘦、病徵、年紀、性別等特性都不相同，怎麼可

能量化我們的作業、限制我們的自由度呢？更甚者會聲稱這樣的「管理」其實侵害到工作者的專業性。

其實大家很容易用「動作組合」來看事情，
然而在改善過程中我們更希望能夠將組合
「拆解成元素」，設法在異中求同，
就算不能達到同步率 100% 的情況，
至少我們也希望有 50% 以上的標準化程度在。

　　什麼是動作組合？就像 2021 年五月中旬開始台灣新冠肺炎疫情爆發，我打電話關心問好友阿隆最近在幹嘛，他只懶懶地說：「阿就吃飯、睡覺跟打電動」，**這就是動作組合，形容一件事情的完成，卻沒有細節。**動作元素則是盡可能鉅細彌遺交代：「我打開冰箱毫無選擇障礙，拿出一包泡麵，然後花了五分鐘煮了碗泡麵加蛋，再花十分鐘吃掉它」這就包含移動、選擇、拿取、料理、進食共五種動作元素。這如果放在職場工作上能夠怎麼使用呢？

　　舉例來說，科技業的機台工程師可能在案件分析、上機過程因為需要精密操作、嚴謹分析而無法建立標準作業，但是在樣品裝載拆卸、運送移動等過程卻是可以建立標準的。又或者農產品運

輸線上的分檢員會因為來料產區、氣候的差異，影響他們分級檢查的速度，也無法訂定明確的標準作業（每顆地瓜、每片海苔長的不會一樣），但我們仍舊能夠針對物料、紙箱、塑膠籃的供給頻率、拿取方式等訂定標準作業。

作為企業顧問最常需要做的事，就是在大家覺得理所當然、習以為常的作業模式中，找出突破點。魔鬼藏在細節裡，但只要我們運用得當，「魔鬼中的天使」就是我們的改善成果。

> **如果作為管理者不願意、不懂得將動作組合拆解成動作元素加以分析，恕我直言，這其實是種管理行為上的懶惰。**

公司短期內可以用外部顧問、緊迫盯人、手把手帶著你做，但如果抗拒改善一意孤行，最終仍會被時代變遷的巨輪拋棄在原地。

🔓 如何制定標準作業

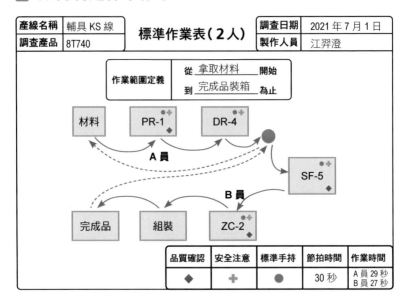

產線名稱	輔具 KS 線	標準作業表（2 人）		調查日期	2021 年 7 月 1 日
調查產品	8T740			製作人員	江羿澄

作業範圍定義　從 拿取材料 開始　到 完成品裝箱 為止

材料　PR-1　DR-4
A 員
SF-5
B 員
完成品　組裝　ZC-2

品質確認	安全注意	標準手持	節拍時間	作業時間
◆	✚	●	30 秒	A 員 29 秒 B 員 27 秒

那麼究竟標準作業要怎麼制定呢？我這邊有三個要點提醒大家：

• 節拍時間

節拍時間（TT）是指在需求時間內預計完成的產品數量，例如在兩小時內你預計要做 720 件產品出來，那就是拿兩小時（7,200 秒）除以 720 件，所以 TT 時間為 10 秒。我們再次把節拍時間用白話文解釋就是「單件需求時間」，意即你預計要花多少時間做出一件產品。

了解節拍時間，我們才能藉此設定清楚每個人的作業範圍。如果節拍時間只有 10 秒，結果我們安排給作業人員做出一件產品的

工作負荷卻超過 20 秒，這樣怎麼也不可能做完。或是節拍時間 10 秒，結果我們僅安排 6 秒的工作量給他，相信你也不會接受這樣的浪費存在。

**所以節拍時間是設計標準作業的前置工作、
需求資訊，有了節拍時間你才能確認
每一位作業者的守備範圍。**

• 作業順序

透過節拍時間，我們用時間確認每個人可安排的守備範圍，在這個前提限制條件下。接下來我們就要開始塞工作，然而工作不能亂塞，我們必須觀察工作順序，以合理有效率的方式把工作給訂下來。

「防颱三步驟，一堆沙包、二封門窗、三去全聯……」全聯颱風天廣告就給我們一個作業順序的啟示，為了避免人員因為不熟悉、個人習慣等種種原因，造成作業逆流無效率，或是品質跳工程、漏加工等問題，必須要明定作業順序才行。

- 標準手持

所謂標準手持是指若按照作業順序施作時，可反覆進行循環作業的最少半成品數量。如果是純人工作業的話，那反覆作業時是不需要標準手持的，因為每一次作業都是從頭做到結束。

但如果標準作業有牽涉到設備加工，而且人機分離（設備加工時，人員可執行其他工作）時，想要持續反覆進行循環作業，那就需要設定標準手持。最簡單的想法就是如果早上一起班開機，如果沒有設置好標準手持，那麼作業員是無法在一開始就可以依照標準作業工作，必須要把標準手持準備妥當才能。

舉例來說，如果你的標準作業順序是「打開烤箱、拿出加熱後產品、放入待加熱產品、按啟動鍵、去毛邊」，那麼對這項作業來說，標準手持就是烤箱內要固定有一個產品。因為如果這樣的作業循環沒有在烤箱裡有標準手持存在的話，這個作業順序就無法反覆維持。

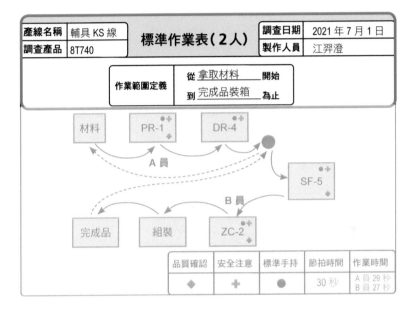

產線名稱	輔具 KS 線	標準作業表（2人）	調查日期	2021 年 7 月 1 日
調查產品	8T740		製作人員	江羿澄

作業範圍定義	從 拿取材料 ___ 開始
	到 完成品裝箱 ___ 為止

材料　PR-1　DR-4

A 員

SF-5

B 員

完成品　組裝　ZC-2

品質確認	安全注意	標準手持	節拍時間	作業時間
◆	✛	●	30 秒	A 員 29 秒 B 員 27 秒

STEP1

❶ 確認該表是哪條產線？哪個產品？

❷ 該表為幾人作業用？

❸ 該表調查日期與調查者？

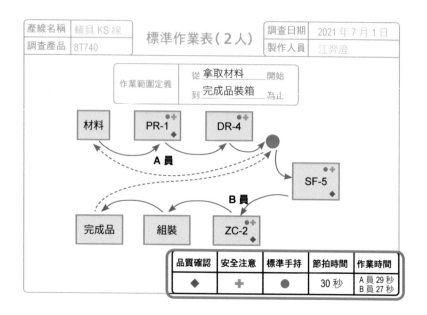

| 產線名稱 | 輔具 KS 線 | 標準作業表（2 人） | 調查日期 | 2021 年 7 月 1 日 |
| 調查產品 | 8T740 | | 製作人員 | 江羿澄 |

作業範圍定義　從 拿取材料 開始　到 完成品裝箱 為止

材料　PR-1　DR-4

A員

SF-5

B員

完成品　組裝　ZC-2

品質確認	安全注意	標準手持	節拍時間	作業時間
◆	✚	●	30 秒	A 員 29 秒 B 員 27 秒

STEP2

❶ 註記品質重點工序，以 ◆ 標示

❷ 註記安全注意設備，以 ✚ 標示

❸ 註記標準手持的位置

（依標準作業順序施作，可反覆進行循環作業的最少半成品數量）

❹ 節拍時間：$\dfrac{需求數量}{預計生產時間}$

❺ 作業時間：紀錄作業人員的循環作業時間（CT 時間）

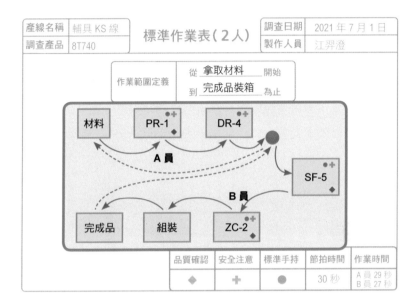

| 產線名稱 | 輔具 KS 線 | 標準作業表（2人） | 調查日期 | 2021 年 7 月 1 日 |
| 調查產品 | 8T740 | | 製作人員 | 江羿澄 |

作業範圍定義　從 拿取材料 開始　到 完成品裝箱 為止

品質確認	安全注意	標準手持	節拍時間	作業時間
◆	✚	●	30 秒	A 員 29 秒 B 員 27 秒

STEP3

❶ 繪製設備、工序及其相關位置（瓶頸站以紅色標註之）

❷ 以實線箭頭紀錄作業人員的作業順序（返回原點時則以
虛線箭頭標示）

**其實標準作業的建立，
存在著管理與改善兩種意義。**

在管理面來說，能夠讓我們比較容易發現異常所在，例如人員作業順序有誤、從秒數確認人員效率與守備範圍。

而從改善面來看，如何讓人員的反覆作業更好做、更輕鬆做，甚至配合公司需求增加效率、強化品質都很重要。因為倘若人員無法依照標準作業執行，那就代表該項作業存在著「可改善的機會點」。

技能水準	包/人/H	秒/包	現有人數
A級	110"	32"	10名
B級	100"	36"	0名
C級	90"	40"	12名
培訓中			3名

最後說一個實際企業改善面的心得，倘若公司產品像是農畜產品，無法明確規定作業細則，例如雞肉分切人員、地瓜篩選分級人員等，我都會建議用「分級」制讓標準作業變得可以量化。例如雞肉分切若能在一分鐘切 100 盤以上就列為 A 級人員，一分鐘若在 90-99 盤之間則為 B 級，依此類推。透過這樣的方式，會讓人員對於標準作業的要求更加清楚可靠。希望大家回到自己工作崗位都能夠確實應用，加油。

3-7

「凡走過必留痕跡，改善就有可趁之機」
用產品流向圖來鎖定吧！

> **面**　最後進入「面」的階段，這時候的整體觀讓我們不只看人員跟設備，包含搬運能力、排程能力、庫位情況都要一併考慮。同時也要從產品自身的角度檢視從入料到出庫，在公司裡需要多少的搬運路徑、停滯時間等。
>
> 統合調查點線面，改善才能全面。

　　在彰化某工業區裡，我們正在討論著一款超商鮮食產品的包材供應情況。這間公司掌握著台灣超商龍頭每日鮮食產品近半的生產量，所謂的鮮食產品就像是飯糰、涼麵、燴飯、便當、三明治等。因此在極度有限的時間與空間限制下（畢竟是鮮食）供應「量」跟「時間」就是需要控管的要項。

　　公司同事們過往習慣以口頭報告方式進行，然而供應商包材從碼頭卸下的那一刻開始，所需要經過的路徑長、停留點多，過往的討論總是很沒效率，要嘛需要大家一起到現場觀察，但現場觀

察容易忘了要有全局觀。**但現在卻完全不同，我們可以用一種圖表工具，輕易地討論並掌握產品整體流向與廠區空間的關係，那就是今天要介紹的：「產品流向圖」。**

所謂的產品流向圖就是希望透過圖示、箭頭等方式，瞭解單一產品從材料投入開始到完成品出貨為止，所謂「物的流動」是怎麼進行的？如果你是骨灰級的老玩家在玩《世紀帝國》時原本受到地圖迷霧的影響，你必須不斷派出斥侯騎兵或村民去探索邊境。現在你突然按下 Enter 鍵並輸入 MARCO 五個字就開啟顯示所有地圖，這時候彷彿開啟了上帝視角，我們可以知道從我方領地出發不論是要去挖掘金礦、捕魚或是進攻他人城鎮中心可以怎麼走，這就是產品流向圖希望能夠達到的效果。

既是地圖，也是檢討用的工具

因為產品流向圖需要具體呈現一個產品在整個廠內的流通情況，因此除了檢討搬運距離、方向是否適當外，還有一個重要的功能就是：

> *它會清楚呈現我們在生產流程中的*
> *「斷點」在哪裏。*

因為企業組織專業分工日趨精細的趨勢下，很少產品是能夠在同一個單位、區域就做完。不像是歐洲中古時期的作坊，一個鐵匠就會自己從頭到尾完成一把劍、一個皮匠就能夠從裁切分割到縫製定型完成一雙靴子。

然而只要有分工的斷點，就意味著會有半成品的時間停滯與庫存的實質產生，因為很難這麼剛好你送東西過去，下個工程的同事就能夠馬上接手繼續完成。因為他可能手上也還有其他工作在進行，特別是如果距離相隔越遠，工作排程的銜接度就會越差。

因此我們才會需要在廠區實際 Layout 圖的基礎下，詳細檢討產品在廠內的流動方式，還可以來檢討工程是否可以連結，能否減少半成品庫存，甚至到搬運次數的降低等議題。

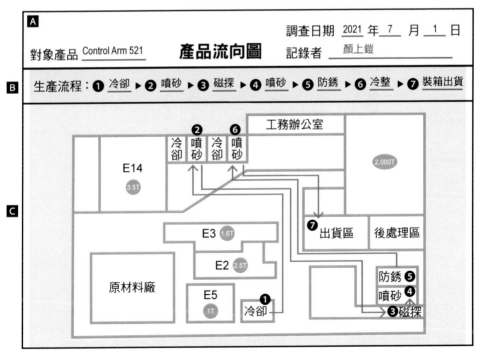

🔓 產品流向圖繪製步驟

那我就先介紹產品流向圖的繪製方式要怎麼進行。前置作業首先你需要先有張廠區 Layout 圖,而且建議是等比例的圖,因為這樣的繪製跟後續的討論才能比較接近真實。

- **基本資料填入**

首先我們還是要先定義清楚本次調查的對象產品是什麼,以及圖表繪製者是誰,最後是該份資料的作成日期。基本上一次只調查一個產品,這樣才不容易失焦,同時載明日期是為了以後我們才能比對差異。

A 基本資料	· 一次只調查一種品項,避免混淆
	· 紀錄調查日期,方便日後比對

調查日期 2021 年 7 月 1 日
記錄者 顏上鎧

對象產品 Control Arm 521　　**產品流向圖**

- **紀錄觀察產品對象的工程名稱與對應順序**

接下來跟「生產線調查表」相同，先紀錄該產品所需經過的工程名稱以及製程先後順序，並將每個工程加以編號，後續將便於討論與判斷。

B 所需工程與生產順序	· 寫下該產品所需工程及順序 · 有編號更容易尋找 · Layout 圖上以〇帶圈數字表示

生產流程：❶ 冷卻 ▸ ❷ 噴砂 ▸ ❸ 磁探 ▸ ❹ 噴砂 ▸ ❺ 防銹 ▸ ❻ 冷整 ▸ ❼ 裝箱出貨

- 繪製材料到完成品的流動

從材料進廠開始，以粗體線圖依照工程順序把實際物流動線在 Layout 圖上繪製出來。其中要交代清楚其停滯的位置，以及後續流向，**因此我會建議每一次的移動在線圖上都以箭頭符號註明其方向性。**甚至如果我們以長方形來表達工程或庫存區，那麼箭頭更應要明確劃分像是左進右出、上進下出等情況，使我們能夠更清楚知道前後工程或庫存區的流動情況。

- 繪製零件到半成品的流動

最後我們不能忽略為了一個產品的誕生，可能還是會有相關零組件、耗材等配合才能集大成。**因此用虛線箭頭來紀錄零部件耗材的進廠、儲位、供應到哪個工程等。**如果零組件種類繁多，則建議可以在產品流向圖上用不同顏色加以區分。

ⓒ 從 Input 到 Output 的流動	・用實線箭頭描繪其流程與方向 ・Layout 圖上用☐表示加工前後產品的停滯點 ・以虛線箭頭描繪零件到半成品的流程方向

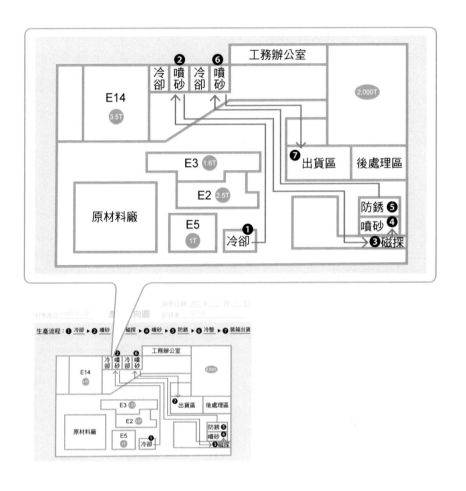

🔒 產品流向圖可檢討的問題切入點

對於產品流向圖的討論，實務操作上我會建議繪製完畢後的討論可能需要課長以上的層級。這樣一說有些人可能就會跳起來：「顧問你之前說什麼要貼近現場、現場最重要？結果為什麼是坐辦公室在討論？」

因為產品流向圖需要經過多道工程，管理範圍涵蓋多個部門，例如生管、倉管、製造等，**加上討論改善方案時必須要站在公司角度出發，而不僅是針對單一部門效益，所以我會建議產品流向圖的改善討論要以課長級以上為主**，有高階經營管理者尤佳。那麼接下來就來看看，我們透過它可以看到什麼。

• **產品流動是否順暢？**

不論是談到精實管理或是豐田生產方式，都常見一種很東方、哲學式的說法就是我們希望製造流程如同流水一樣，能夠順暢無窒礙最好。**而產品流向圖就可以讓我們檢討，流水會在哪邊停滯、轉向，甚至會不會有混流、亂流或逆流的情況？**

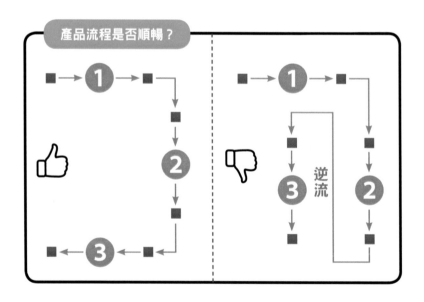

- **材料進廠到成品為止，半成品置場是否明確？**

就如同前文所說，產品隨著分工越來越精細，前後段工程很有可能會區隔給不同作業員甚至不同部門負責，在工作交接時就需要一個半成品置場（暫存區）作為區隔。**但許多公司的問題就是因為前後工程的排程不同、產能速度不一或管理不佳，造成半成品置場有未知庫存、無法先進先出，或是一物二放難以找尋的情況。**

正因如此，我們就要透過產品流向圖去確認該產品在不同工程間的半成品置場是否無一物多放？好做到先進先出？跟現場實際狀況是否相符？

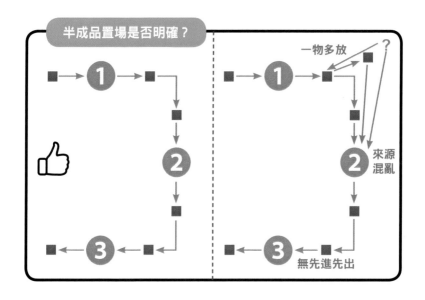

- 是否有工程合併（連結）的機會？

　　前一個步驟我們檢討現有產品流向半成品置場的問題，接下來在這個步驟我們要更進一步討論是否有工程合併或連結的機會。**要知道如果前後工序沒有相連，那就需要一段實體距離的搬運，**同時在前工程的加工前、加工後都會有半成品置場，後工程的加工前、加工後也會需要半成品置場。掐指一算，因為前後工程相離，總計就需要四個半成品置場跟一次搬運距離。

　　相反地，如果工程能夠合併或連結，那麼就只會需要兩個半成品置場，且不會發生長距離搬運動作。只是前後工程合併要考慮「生產品項數是否相符？」、「生產能力是否相近？」、「換線時間會有落差？」，簡單來說如果前後工序在各種生產條件上無法門當戶對的話，那就很難做到合併或連結。不過也因為如此，就給了大家改善的機會喔。

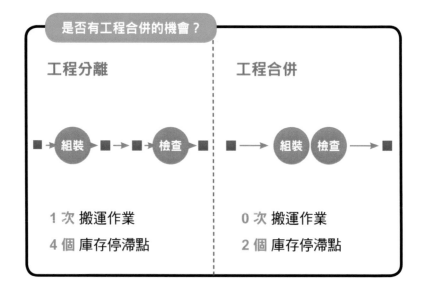

- **搬運距離是否可以縮短？搬運路徑是否適當？**

如果工程無法合併或連結，那麼我們就要認命地在可行範圍內進行改善。**這時候我們可以檢討搬運這件事。**

單就搬運這個工作來說，第一我們可以檢討搬運距離可否縮短？就好比開車時 Google 地圖打開，選擇目的地後就會以最短距離或最短時間來作為路徑建議。不過如果只單純從距離來做討論會遇到不切實際的情況，這時我們還必須考量路徑會不會有人車分流限制、主副通道差異、堆高機是否能行走等情況。

- **搬運的堆疊方式、工具、人員是否適當明確？**

當我們確定好搬運路徑與距離都符合我們需求後，再更往細節走，我們還能夠再討論以下這幾項問題，提供給大家參考：

- **每回搬運量、搬運頻度，半成品置場大小也會因此調整**
- **堆疊方式最高疊幾層？要不要繞收縮膜？**
- **搬運工具是要用烏龜車、台車、堆高機還是叉車、籠車？**
- **搬運人員是專任人員？**
- **下個工程作業員來領取還是前個工程的作業員供應？**

- **零組件耗材的放置區是否適當？**

「東市買駿馬，西市買鞍韉，南市買轡頭，北市買長鞭」這是《木蘭詩》裡形容主角從軍前的準備工作。然而在生產過程中，我們同樣也需要注意零組件或耗材的放置區，可能有不同零件、包材、耗材等入廠並供應到不同工程，**我們也需要檢討這些物料入廠後的存放地點是否適當，以確保作業人員在備料時的效率。**

- 延伸應用：比較設備重要性

試想一下，如果今天公司裡同類型的產品需要使用的工程、設備、順序不盡相同，究竟我們要如何安排這些硬體的放置位置以符合最大效率呢？我們就利用產品流向圖把不同產品的流向藉由相同的比較基礎（公司廠房 Layout 圖）給套疊出來。就像是小時候地理課本所提到的「九省通衢」：武漢，因為早在清朝它就能通過水路交通網與湖北各地、安徽、江蘇、江西、貴州、四川、陝西、湖南、河南相連。

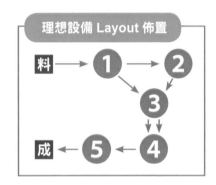

同樣地，我們可以找出在公司裡哪一個工程或設備是交通要道，因而在安排或調整位置時，就能夠將其放在更簡便、更快速移動到的點上，例如離電梯最近、主通道旁邊等。

產品流向圖確實是個簡單又好操作的圖表工具，我們能夠藉由整體觀來瞭解、討論、分析在物的流動中有沒有哪些可以優化的地方。依照我過去的工作經驗，**大家都會自以為很瞭解公司狀況、流程問題，但產品流向圖繪製完攤開檢視時，這才發現有所出入，甚至能夠看到過往不自覺的管理盲點。**

因此希望大家能夠好好善用產品流向圖，相信在日常改善或新廠規劃等都能夠帶來很大的幫助。加油！

3-8

「如何檢視整體改善的提升呢？」
從生產架構圖看起

. . . .

　　「老師，我們公司過去有交貨給日本客戶，他們要我們做 JIT 即時生產。可是齁，我老實跟你說啦，根本就是做半套的。因為我們都是先準備一堆半成品庫存，不然他們下單時再做哪來得及？」老總國台語雙聲道夾雜，很誠懇地說著公司的做法：「不過我覺得這樣的生產方式很不精實，所以我才想要請老師您來協助幫忙。」

　　先說這家位在彰化的小型設備製造商年營業額雖然僅有兩億，但是整家公司不到四十人的情況，不管在人均產值或獲利能力上都維持著很不錯的水準。更讓我覺得感動的是，公司高層卻不會以此自滿，反而能夠坦誠地說出管理現況，並且期待能夠有所改變。老實說，光是能夠不「掩過飾非」就已經很不容易，要不是這家公司沒有上市上櫃，不然我就要來報名牌給各位了（誤）。

　　在前面幾篇中，我們曾繪製過像是「生產線調查表」瞭解產線的各種資訊，或者利用「產品流向圖」去檢討產品實際在廠內製程的動線與停滯情況。

> 但有沒有一種工具是可以用來知道產品
> 在整體工序中的搬運頻率、排程能力、
> 庫位與庫存情況呢？

特別是站在公司的角度要如何能夠檢視現況並設定未來目標，我想就需要這個很實用的工具：「生產架構圖」。

設定改善目標並且設法接近它

對於各家企業的改善活動推動，我常常會強調「目的」的重要性。因為有目的，才會產生需求，有明確的需求就可以設定清晰的目標。

所以當老總想要改變庫存作法又想要搭配 JIT（Just In Time）及時生產時，「生產架構圖」就特別重要，因為在這張圖表中我們可以瞭解現況、年度目標與理想狀態的不同。

> 精實管理並不只是單純的發現問題並解決問題，
> 而是需要描繪清楚目標，因為改善的目的
> 就是希望能夠一步步地接近目標。

🔓 需要的東西在需要的時候只提供需要的量

在豐田生產方式裡「後拉式生產」是種有別於一般制定生產計劃所使用的推式生產，強調藉由需求來拉動生產的做法。然而要做到或接近這樣的程度，有三個重點項目需要獲得具體提升才有機會，分別就是：

- **搬運頻率**
- **排程能力**
- **庫位與庫存情況**

接下來就由我來向大家說明其重要性。

- 搬運頻率

既然需要的東西只想在需要的時候出現，那麼就不太可能依靠大批量的搬運，相反地我們更需要小批量多回次的搬運方式。同時我們不僅關注自己廠內不同工程間的搬運頻率，對於供應商、客戶端也需要設定目標逐步改善。

- 排程能力

需要的東西在需要的時候如果只想要提供的量，那麼小批量生產會是明確的選擇，但往往企業端會因為過長的換線時間、品質不良、設備異況等而選擇大批量生產的做法。

其實對於排程能力來說，最理想的境界就是生產一個就切換、生產一個就搬運，聽起來是不是就跟近年來熱議的工業 4.0、製造

2025、智能製造等議題很相似呢？也就是搭起供給跟需求間的橋樑，在生產製造端透過自動化設備、監控系統、快速換線做到百分之百的客製化生產。以汽車廠來說，我可能前一台是賓士 S400 黑色選配天窗、這一台是賓士 C200 銀色標配，下一台變成賓士 E300 紅色選配版都在同一條組裝線上發生。想看看這需要多麼靈活的物料供應、機械狀態監控與保養、客戶需求（交期、內容）的精準掌握。

然而我們從 2010 年後開始關注的議題，其實在 1970 年代日本就有一家企業上至領導人、下至第一線作業員都有意識地共同推行，也就是本書書名的前兩個字「豐田」。

- **庫位與庫存情況**

如果僅是談搬運頻率、排程能力，聽起來都像是管理上的作法選擇，但是讓我們談談更實際點的東西，既然是生產製程，既然工程有分段，那麼一定會有庫存發生。

不管是原材料、半成品或完成品，我們同樣必須檢討並確認現有庫存場地、存量與管理方式是否有更精進的可能。

🔒 生產架構圖的基本繪製

接下來我們就要開始繪製生產架構圖，有三個步驟跟一個前提要請各位留意。前提就是生產架構圖有別於其他圖表，在繪製的時候需要公司高階經營層針對該產線訂定目標。這點在繪製前要先讓大家瞭解清楚，接下來我們就開始繪製。

生產架構圖

| 產線名稱 | AS 線 | | 調查日期 | 2021 年 7 月 1 日 |
| 調查產品 | 小型空壓機 | | 製作人員 | 賴碧霞 |

⒜ 基本資料填寫

　　首先請各位要記得生產架構圖並不是以產品作為主體，而是以產線作為主體的調查表單。所以請先註明本次繪製的是哪一條產線，另外也請寫下該圖表的製作日期與製作者。

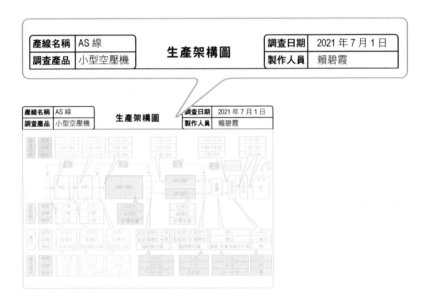

⒝ 繪製產品的工序流動

　　接著我們需要在圖表中間欄位繪製產線從原材料、零件購入開始到完成品出貨為止的所需工程。從供應商開始，以箭頭表示實際搬運作業的發生，用庫位符號表示庫存的停滯，每個工程則以方塊表示。

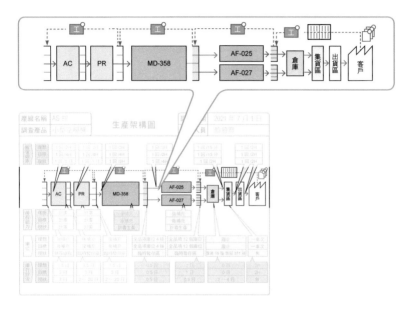

　　在此同時，我們除了產品的生產流動外，也應該要瞭解生產情報是怎麼傳遞的。這一點我想特別向大家強調情報流的重要性。我看過很多公司在每一個生產區段都絞盡腦汁思考如何提升品質、效率並降低成本、庫存，但是每當我在現場詢問：「你什麼時候知道東西被領走？」、「你知道一次被領走多少嗎？」、「你發出需要物料的訊息到物料送來要花多久時間呢？」，往往都無法得到明確的答案。由此可見，許多公司在情報流程這個環節反而有許多可以進步的空間。

　　我們看的到實體產品移動、停滯，但情報流更重視的是「這個需求什麼時候發生？」、「什麼時間點告訴前製程？」、「前製程確切收到情報又是何時呢？」以及「前製程從知道到做到中間有多久的時間差呢？」請各位改善者們不要輕忽情報的重要性，想想古代帝國的驛道、驛站的作用就是讓八百里加急文件可以迅

速轉移讓統治階層瞭解並下令，即便疆域廣闊都能做到如臂指使般容易 (你看宋高宗都可以一日下十二道金牌叫岳飛停止北伐，足見情報傳遞的重要性)。

回到現代企業組織來看，如果在生產製程裡情報傳遞不夠順暢，甚至傳遞與接收端還容易出錯，就會發生「生管排程早早安排，現場製造都說可以，交期一到十萬火急」的弔詭現象。

因此在生產架構圖，請大家用虛線描繪生產需求的情報流程是怎麼跑的？要提醒大家，在範例圖表中看到情報流程的虛線箭頭是從客戶端作為起點逆向往前工程通知，這是因為在豐田生產方式中是以「後補充生產」作為基礎。然而這並不一定符合各家企業的生產模式，所以如果你在繪製時覺得範例圖表在情報流程段的流動方向怪怪的，那不是你的錯覺，請你還是大膽且直接的畫出來吧！

🔒 生產架構圖的三種要素：現狀、年度目標與理想

最後就進入「生產架構圖」的重點，我們在每一段工序流動間，依照搬運頻率、排程能力跟庫位與庫存情況分別進行現況調查、目標設定的工作。

C 搬運頻率：註記在工程間的箭頭上

首先是搬運頻率，針對前後工程間的搬運情況，我們可以直接在每一個箭頭處標記現狀為何？今年度我們要挑戰的目標又是什麼？那麼我們認為最理想的情況可以達到多少呢？

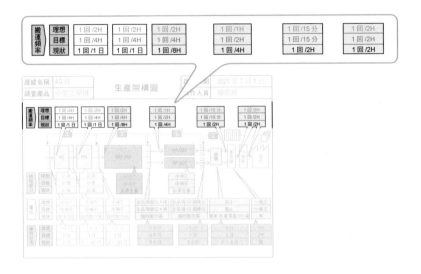

在這邊我就舉過去所輔導過的某製造業為例，以廠內物料供應的情況來說，在 2018 年時是每天供給一次。在每天下午三點時，倉管人員會確認生管隔一天的排程並進行備料，最終會在下午五點下班前將隔天所需的所有物料供應到生產線邊。然而在推動精實開始後，他們透過生產架構圖設定該年度要做到每天供給兩次的目標，並給自己最終理想是每小時供給一次的頻率。值得稱許的是他們的確在 2018 年底完成了每天供給兩次的目標，在每天下午五點前供應隔天上半日所需物料，並在隔天上半日準備並供給當天下半日的排程需求。

雖然搬運頻率增加，讓搬運趟次變多，但是由於準備量砍半的關係：

實際備料供給的需求時間並未增加。
同時還能夠讓這些物料所需的庫位面積
大幅縮小,更貼近「需要的東西在需要的時候
只提供需要的量」境界。

D 排程能力:註記在工程上

再來我們可以在每一段工程上註記排程能力的表現,同樣要先談現狀每次排程是以多少時間單位進行生產?那今年度要挑戰的目標是多少?最理想的情況是多少呢?

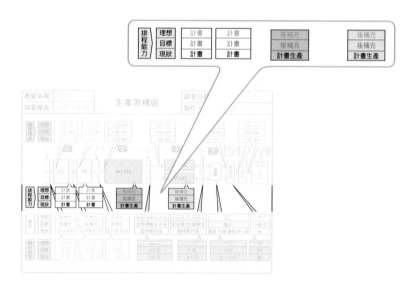

因為工作的關係，我常會在相同產業內同時進行多家不同企業的輔導（當然這也要感謝客戶的信任及保密協定的簽訂），雖然能夠知道不同企業實際面對到的客戶需求、企業文化、生產模式、供應商屬性不盡相同，但難免還是會起了比較之心。

> **特別是我所在意的排程能力環節，**
> **因為它的靈活性越高，**
> **對內代表著換線時間短、生產批量小的優點；**
> **對外則能夠快速對應市場需求的變化。**

例如我在台灣食品業有過十家以上的顧問經歷，有企業改善後能夠在排程能力上做到最小單位一小時的排程能力（換線時間則僅需十分鐘），但也有企業在改善前的排程作法是每天僅生產一個品項，一次生產最小量就是一整天八小時為單位，因為它換線時間一次至少要三小時，難怪公司想要靈活也靈活不起來。

E 庫位與庫存情況：註記在庫位符號上

最後我們看到的是庫位與庫存情況，這裡要分成兩部分來談。

首先我們在工序流動中的庫位符號註記庫位管理情況，要管什麼呢？在實體環境裡不論是原材料、零組件的庫存，又或是前後工程間的庫存，還是完成品的庫存，我們走訪檢視後寫下究竟現

況有多少品項種類是擁有獨立且固定儲位的？**因為獨立且固定儲位代表著不易混料、不易變動、數量好清點、容易先進先出，相反地如果採取變動儲位則會面對找尋費時、數量不明確等疑慮。**

　　例如我們現況僅針對 30% 的主力產品有固定儲位，那麼或許我們可以在年度目標挑戰該產線 50% 的品項均有固定儲位。

　　接著我們可在底下註記庫存情況，建議是以庫存天數作為單位。例如現況是庫位裡有一星期的庫存量，年度挑戰目標是三天，理想情況則設定為一天。為什麼不以實際值，例如顆數、件數、幾支、幾 pcs 作為單位呢？因為對於台灣許多企業來說，生產淡旺季的差異頗大，如果以實際單位作為比較基礎，很有可能會忽略旺季轉淡季的季節性因素。舉例來說，如果庫存從 3000 件降為 1500 件，我們會很直觀地感受到似乎有改善效益產生。但是如果將庫存除以每日需求量來看，可能就會有不同的答案。例如庫存 3000 件時，適逢旺季因此每日需求量高達 750 件，庫存天數則是四天。而庫存 1500 件則發生在淡季時，那時每日需求量若降為 300 件，庫存天數反而有五天之多。這差異務必請大家多加注意。

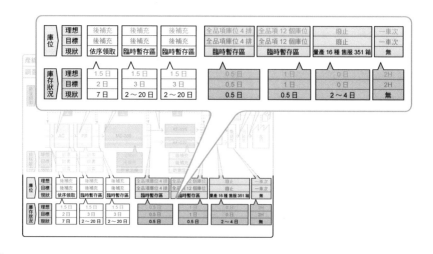

🔓 檢討重點①──從整體方向看產線發展

到這邊相信你一定能夠知道生產架構圖它就像是產線的體重計，會告訴你現在體重是多少？甚至是理想體重會是多少？但究竟我們要採取多大力道的改善工作，其實是企業領導層需要決定清楚目標，組織整體才能夠往相同方向前進。

所以不論是搬運頻率、排程能力或庫位與庫存情況，都需要公司高階討論並決定出我們這一年度想要挑戰的水準，同時持續追蹤、跟催才會有執行力道。

🔓 檢討重點②──環環相扣的相關性

**另外你會發現在生產架構圖裡三個重要項目：
搬運頻率、排程能力與庫位庫存情況，
這三者是息息相關的存在。**

當你改變搬運頻率，從單回次大批量改變成多回次小批量時，所需的庫位面積就會縮小、庫存也跟著減少；而當你提高排程能力時，庫存量也會隨之減少；而當你想改變庫存情況時，搬運頻率跟排程能力不改是不會改變庫存多寡的。

因此透過生產架構圖設定好年度改善目標後，更需要公司高階來整合不同部門單位，其中就包含倉庫單位、生管單位、製造單位等。甚至在情報流程的改善，可能還有業務單位、採購單位也都要一同加入討論與改善，所以才會以「生產架構」作為該圖表的名稱由來。

　　這幾年來，我看到許多企業領導者對於未來的不確定性與對於改變的迫切渴望，但有些老闆似乎在一開始存有「花錢辦事」的期望，最好就是花一筆顧問費，彷彿就有個人英雄主義會在組織內部發酵，進而解決公司多年來想碰不敢碰、想動動不了的難題。通常遇到這樣的情況，我就非常喜歡透過「生產架構圖」一步步帶著大家先認清實際情況，再來設定明確年度目標。透過這樣的形式步驟，其實是一種企業自我探尋的過程，同時也起到宣示作用，讓整體上下對於接下來要面對的改善課題都有所準備。至於實際該怎麼改變？具體作法有哪些？當然就會因應不同公司的情況而定，不過相信聰明的您一定可以在本書中找到你想要的改善解答。我們一起加油吧！

【View 職場力】 2AB957

豐田精實管理現場執行筆記：問對問題，產出高效率

作者	江守智
責任編輯	黃鐘毅
版面構成	江麗姿
封面設計	陳文德
行銷企劃	辛政遠、楊惠潔
總編輯	姚蜀芸
副社長	黃錫鉉
總經理	吳濱伶
發行人	何飛鵬
出版	創意市集
發行	城邦文化事業股份有限公司
	歡迎光臨城邦讀書花園
	網址：www.cite.com.tw
香港發行所	城邦（香港）出版集團有限公司
	香港灣仔駱克道 193 號東超商業中心
	1 樓
	電話：(852) 25086231
	傳真：(852) 25789337
	E-mail：hkcite@biznetvigator.com
馬新發行所	城邦 (馬新) 出版集團
	Cite (M) SdnBhd 41, JalanRadinAnum,
	Bandar Baru Sri Petaling, 57000 Kuala
	Lumpur,Malaysia.
	電話：(603) 90578822
	傳真：(603) 90576622
	E-mail：cite@cite.com.my
印刷	凱林彩印股份有限公司
	2024 年 (民 113) 8 月 初版 6 刷
	Printed in Taiwan
定價	420 元

如何與我們聯絡：

1. 若您需要劃撥購書，請利用以下郵撥帳號：
郵撥帳號：19863813 戶名：書虫股份有限公司

2. 若書籍外觀有破損、缺頁、裝釘錯誤等不完整
現象，想要換書、退書，或您有大量購書的需求
服務，都請與客服中心聯繫。

客戶服務中心
地址：115 台北市南港區昆陽街 16 號 5 樓
服務電話：(02) 2500-7718、(02) 2500-7719
服務時間：週一至週五 9：30 ～ 18：00
24 小時傳真專線：(02) 2500-1990 ～ 3
E-mail：service@readingclub.com.tw

※ 詢問書籍問題前，請註明您所購買的書名及書
號，以及在哪一頁有問題，以便我們能加快處理
速度為您服務。

※ 我們的回答範圍，恕僅限書籍本身問題及內容
撰寫不清楚的地方，關於軟體、硬體本身的問題
及衍生的操作狀況，請向原廠商洽詢處理。

※ 廠商合作、作者投稿、讀者意見回饋，請至：
FB 粉絲團・http://www.facebook.com/InnoFair
Email 信箱・ifbook@hmg.com.tw

國家圖書館出版品預行編目資料

豐田精實管理現場執行筆記：問對問題，產出高
效率 / 江守智 著 . -- 初版 . -- 臺北市：創意市集出
版：城邦文化發行 , 民 110.06
面； 公分

ISBN 978-986-0769-08-1(平裝)
1. 豐田汽車公司 (Toyota Motor Corporation)
2. 生產管理 3. 企業管理

494.5 110009231